炫技的食品
Technically Food

［美］拉丽莎·津贝洛夫（Larissa Zimberoff） 著

森宁 译

九 州 出 版 社
JIUZHOUPRESS

目 录

为何是我

从生命中的某个时刻起，食物让我紧张而焦虑——我 12 岁时。在那之前，我都轻松地享受着吃的快乐：生日派对中的杯子蛋糕，光明节 ① 上的土豆煎饼，周末时祖母拿手的法式哈拉吐司 ②。

有一段记忆我从未与任何人分享：我坐在教室里，突然想要小便，但我知道已经来不及离开椅子，穿过走廊，再走到女洗手间。于是我安静地坐在那儿，尿在了裤子里。这是一段影响深远的经历。

妈妈注意到了正在发生的事，但还没能引起警惕。她带我去看医生，是因为我的一次耳痛。当伯恩鲍姆医生为我做完耳镜检查后，妈妈不经意提到，我总是感到口渴，小便也很多。护士给我做了尿检，结果显示：1 型糖尿病。我并没有意识到事情的严重性，随即被送进了医院。除了半夜被护士叫醒让我恼火，我认为医院的一切还挺整洁有序。爸爸给我带来了无糖苏打水，护

---

① 又称哈努卡节、修殿节，是犹太教的传统节日。——译者
② 哈拉面包（Challah bread）是犹太人的传统面包，通常编成辫子的形状烘烤。法式哈拉吐司，是把哈拉面包片在牛奶鸡蛋液中浸泡后，再两面涂抹黄油煎制或烘烤。——译者

士在上面标注了我的名字；我看了很多电视节目；哥哥也对我态度温柔；躺在床上，我能看见101高速公路蜿蜒穿过圣费尔南多山谷。

　　诊断结果意味着，当我吃东西时，将永远需要摄入胰岛素。这种由胰腺分泌的激素帮助食物（主要是碳水化合物）分解的葡萄糖进入细胞。身体的细胞和器官依赖葡萄糖。想要跑步？胰岛素为你提供燃料。没有了它，你将无法进食。在胰岛素被发现之前，糖尿病患者总是瘦得像皮包骨，寿命也很短。我的医生要求我健康饮食，并坚持运动。这从此成了我的座右铭。一个糖尿病教师（diabetes educator）教会了我如何计算每一餐中碳水化合物的克数——听上去就很难。计算的结果将决定用餐时需要注射的胰岛素剂量——听上去就很可怜。当我把计算弄错的时候，身体便会出现汗流浃背或像是在流沙中移动之类的生理反应——很艰难、很可怜、很糟糕。我的病情并没有妨碍我做任何事，但我却不擅长监控它。那时，我还仅仅是个少年。

　　在我的世界中，某种食物的好坏取决于它的主要成分，即碳水化合物、蛋白质、脂肪和纤维。当我吃一个苹果时，我真正吃进去的是苹果含有的宏量营养素。我选择青苹果，因为它们通常没有红苹果那么甜。我选择一整个苹果而不是果汁，因为果汁缺乏纤维，而纤维能够延缓消化，也不会被完全吸收。果汁中的糖分很容易被身体吸收，这些糖分也会瞬间引发我血糖的飙升——这很难从外部应对。一个健康的身体能够轻而易举地应付血液中葡萄糖含量的起伏。然而，如果你有2型糖尿病，就当我什么都没说。1型糖尿病意味着我似乎在身体中追逐着一个接力跑选手，后者不肯减慢速度把接力棒传给我。2 型糖尿病患者体内仍然在产生胰岛素，但他们的身体却不能正确利用这些激素。2 型糖尿病更加普遍，一些病人能够通过改变他们的生活方式和饮食控制病情，直到完全康复。

当我对自己的疾病了解得越发深入，我对身体的持续监测也得到了改善。锻炼跟学会享受黑咖啡、黑巧克力一样重要——对于我们这样的人来说，这是关键技能。随着最新的技术发展，我把一个连续血糖监测仪别在了臀部，还吸入速效胰岛素。看到我这么做的人通常以为我是在抽电子烟，但我已经不再为患有糖尿病感到羞耻。获取的知识让我具备了一个优势：从分子层面理解食物。我把这当作是自己的超能力，于我而言，这也是活着和死去的区别。我洞察了食物的一切。

就像一个俄罗斯套娃，我的生存由一堆问题套成：这会儿几点了？吃东西会对我的血糖有多大影响？吃完饭后我要去散会儿步吗？我要吃的东西有多少是加工食品或包装食品？我的这个套娃中，中央最小的娃娃是什么样子的？最重要的问题是什么？我都想知道。

每当我在超市里发现一种新的食品，在把它倒进碗里前，我都会看一眼营养成分表。这个标签是世界上复制最多的图表之一，但很少有人像我这样重视它。一项 2018 年发表在《营养和饮食学会杂志》（*Journal of the Academy of Nutrition and Dietetics*）上的研究称，在其调查的 2000 名年轻人中，只有 31.4% 的人在购物时会"经常"看营养成分表。虽然这个标签隐藏的信息和它披露的一样多，但当我们选择吃什么的时候，它仍然是最有价值的参考资料。

　　在 30 多岁时，我意识到这个世界上大部分人都不会像我这样费心地观察食品。当开始报道食品技术行业时，我感到这是自己作为记者能做的特殊贡献。食品的好坏取决于它的成分——以此为基础框架，我从事高科技领域的背景调查工作十余年，这段经历也让我迅速地进入了初创公司的世界。在我看来，目前食品投资领域的热潮跟互联网的第一次浪潮惊人地相似。

　　报道食品技术初创公司也意味着，我身边（大部分）是年轻的创业者，他们相信自己能够"让世界变得更好"。他们募集到的成百上千万美元认可这份自信——彰显了他们要么聪明过人，要么将要成就大事。但是我寻找的不是这种"炒作机器"。我渴望了解新闻标题背后的故事。我需要合乎常识的科学，以及理性的认识——什么才能改善我们每个人的食物系统。我也希望探索一组三重价值底线：有益于自己，有益于环境，有益于商业。这本书始于我对自己提出的一个问题："当我们拥抱一个充斥着实验室食品的未来时，我们会失去什么？"随着调查的深入，我试图将讨论延伸到，对像我这样的 1 型糖尿病患者而言，新型食品是否也能提高我们的幸福感？

　　当前这一波食品公司浪潮是由使命驱动的。它们的创始人想要通过未来化的方式来改善我们的世界。他们希望扭转气候变化的进程。他们试图结束工业化农业对动物的虐待及对地球的伤害。但金钱和投资者仍然在这些公司背后推波助澜。资本主义撬动着杠杆。现在，像泰森、雀巢和通用磨坊等公司（一些我有时称之为"食品巨头"的传奇品牌）已经感受到了利润下

降的压力 ——他们过时的产品组合不再受到新生代消费者的青睐 ——但他们也不会甘为人后。他们过去的行为、金融影响力和控制力 ——增加糖的用量、利用从众效应、以儿童为主要营销对象 ——都不容忽视。

在这些彼此冲突的势力之间，紧张关系在加剧。这种状况影响着像我这样患有糖尿病的人，影响着我患有乳糜泻①的嫂子，影响着我好友 3 岁的孩子 ——他爱吃水果，影响着缺乏食品安全的社区，影响着老年群体以及无家可归者。食品影响着每一个人。当前世界人口已将近 79 亿，我们的自然资源正显示出枯竭的迹象，人们希望知道：我们能够同时做到保持健康、尊重饮食传统和保护生态环境吗？这并不是奢望。

为何是现在

拉尔夫·纳德（Ralph Nader）是一位长期的消费者权益斗士，他曾凭借推动在汽车上安装安全带的维权行动名声大噪；纳德另一广为人知的事迹，是在 20 世纪 70 年代对婴儿食品的清理。他要挑战的是厂商在婴儿配方奶粉中使用添加剂 ——变性淀粉和味精（谷氨酸钠）——的行为。厂商这么做不是为了婴儿的健康，这些添加剂含有高水平的谷氨酸（味精中最主要的氨基

---

① 又称麸质敏感性肠病，在遗传易感个体中由环境因素（麸质）触发的一种慢性自身免疫性肠道疾病。乳糜泻最初被认为只发生在儿童时期，现在被认为是一种可以发生在任何年龄段的常见疾病。典型的症状有：腹泻、便秘、腹胀、腹部不适、厌食、恶心、呕吐和体重减轻。——译者

酸），会对婴儿造成潜在的危害。添加这些物质，是为了让妈妈们更喜欢奶粉的味道，延长保质期，改善溶解性。但纳德遇到了麻烦，美国食品药品管理局（FDA）并没有对厂商的行为主动出击，而只是被动应对。纳德说，发现我们食品供应中的问题这个重担，被甩给了行业外的研究者。"我们食品行业一以贯之的特点之一，是喜欢先把产品卖出去，再让别人来检测。"他说。

那场监管大战过去已有 50 多年。最终 FDA 禁止了婴儿食品中味精的使用，但为了对冲风险，让生产商也高兴，FDA 同时宣称："味精对人类而言是安全的，只是婴儿并不需要。"这个故事的另一个寓意是，这种情况在如今的新型食品公司身上也比比皆是。FDA 依然消极作为，食品公司依然没有主动确认产品的安全性，由此逃避应有的责任。

最近，针对婴儿配方奶粉销量的下滑，食品公司推出了一款新型婴儿牛奶。这种牛奶中含有一长串的成分，其中包括一些令人担忧的物质，例如玉米糖浆、棕榈油和聚右旋糖——一种提升口感的纤维。婴儿食品只不过是加工食品的一小类。有害的物质无处不在，譬如人工合成食用色素、糖精和吡啶 ① 等。这些化学物质由于有致癌性，全都被 FDA 列入了移除清单，但如今它们仍然在使用。你或许想知道为什么。这是因为，FDA 给了食品公司足够长的时间期限，去重新制定配方和去除这些被禁成

---

① 吡啶是一种杂环芳香化合物，可从天然煤焦油中获得，但效率低下，目前吡啶主要通过其他途径化学合成。吡啶在工业上可用作溶剂、变性剂、助染剂，以及合成一系列产品的起始物，包括药品、消毒剂、染料、食品调味料、黏合剂和炸药等。2017 年 10 月 27 日，世界卫生组织国际癌症研究机构公布的致癌物清单中，吡啶属 2B 类致癌物。——译者

分。与此同时，产品还未被召回，因此你很容易就能在亚马逊网店里找到这款婴儿牛奶。

我们期望自己吃到的食品是有史以来最安全的。在许多方面，它们确实如此。我不否认我们的监管体系基本有效，但全球人口的健康正在衰退，很大程度是因为美式饮食的盛行。是时候审视我们的旧习了，因为我们正在转向新型食品：不是从奶牛挤出来的奶，不是由鸡下的蛋，不是在海里游泳的虾。未来的食品依赖于训练有素的科学家，他们中的很多人从医药领域跨界过来。细胞和组织生物学家、分析化学家、食品科学家和工程师合作创造出他们声称会有益于世界的新型食品。但是要想养活几十亿的人口，我们需要一个规模与之匹配的庞大供应链。

要想从几乎"空无一物"的酵母菌、细菌和其他单细胞生物中制造出食品，我们需要工业化的系统，这个系统依赖于甘蔗和玉米等作物，也需要胰岛素、生长激素和氨基酸等物质。如果在当前的工业生产方法下，我们的健康每况愈下，难道我们不应该寻找一种新的方式，来避免相同模式的延续吗？

在20世纪，随着食品生产从农场转移到了工厂，传统智慧认为人们不愿知道"香肠是怎样做出来的"。这是说，人类为了满足口腹之欲而屠杀动物，是一种必要的罪恶，但人们却不愿意思考这个问题了。2000年初，一场透明化运动开始拉开窗帘，让光线透进了黑屋。名厨丹·巴伯（Dan Barber）和作家迈克尔·波伦（Michael Pollan）在他们写作的书籍中告诉我们，食品的品质至关重要，风味是需要我们恢复和保留的自然遗产的标志。千禧一代更希望从有机农场和具有使命感的公司那里购买食品，他们喜欢简短、能够识别的成分标签。我们食物系统中更有力的问责制度、特殊饮食法的增多、健身的兴起和营养学研究的新进展，都带来了可喜的变化。

很难找到一本书像迈克尔·波伦的《杂食者的两难》（The Omnivore's dilemma）一样能打动如此多的人（包括我自己），并促使现代食品领域发生深刻的方向性变革。甚至连食品巨头们也感受到了压力。科技从业者放弃公司的工作转而经营农场，消费者开始更关心和在意自己购买的东西。令人兴奋的事还包括"从农场到餐桌"运动、"慢食"运动以及回归生物多样性。波伦的书从根本上改变了围绕食品的讨论。但他并不是单靠自己就获得了这样的成功。事实上，弗朗西斯·摩尔·拉佩（Frances Moore Lappé）的《一座小行星的饮食》（Diet for a Small Planet）一书最早开启了这场讨论。"一小撮人为了少数人的利益，控制着一个最浪费又最低效的食物系统。"她写道。这个观点至今都在我耳畔响起。

2015 年，当开始报道食品和科技的交叉领域时，我快步跟进食品行业的飞速发展，同时我也在留意，是否会有创业者提及这些作家和他们书里的经验教训。但没有创业者这样做。跟纳德一样，波伦也十分忧虑我们太过依赖一个自身并不了解的食物系统。他写道："增加我们对要吃什么的焦虑，进而再用新的产品来抚平焦虑，这种做法非常符合食品行业的利益。"在书中，他指出当面对超市中满满当当的货架上无穷无尽的新型食品时，我们是多么的混乱和困惑。《杂食者的两难》早在 2006 年就出版了，但是到现在，食品行业似乎什么都没有改变。

由于对自己的饮食无比警觉，我也在寻找方法来舒缓与糖尿病共存产生的精神压力。我尝试过各种各样的饮食法，包括Whole 30饮食①、间歇性断食、植物性生酮饮食②。通过这些方法，我觉察到，加工食品吃得越少，自己对血糖的控制就越容易，感觉和睡眠也变得更好。水果、蔬菜、谷物和豆类（仅举几例），特别有益于我们的身体健康，但当我们匆匆忙忙地赶时间或面对琳琅满目的诱人零食和饭局时，它们很容易就被忽视。未来食品正在突飞猛进，加工植物代替了天然植物，替代蛋白质代替了传统蛋白质。哪一种更健康？食品技术创新者希望，当这些新型食品变得跟传统食物同样美味时，我们便不会在意这个问题了，但我会。它们的实质也同样可靠吗？在书中，我将对这些谜一般的食品追根溯源，通过我的报道去揭开它们的神秘面纱。

本书的写作，是为了帮助那些像我一样热爱美食的人多获得一些科学常识。我所调查的未来食品或许会也或许不会扭转即将到来的环境灾难，它们能否提供一种更全面、更令人愉悦的饮食方式也有待观察。在疫情仍然持续的当下，我们的饮食正在从动物转向植物，从简单化转向科学化，这是通过持续的努力得来的一条清晰路径，但愿我们不要丢掉。我希望本书能够引发更多的讨论，让人们更加关注"香肠是怎样做出来的"这个问题，即使当香肠已经是由植物和真菌制造的时候。

---

① 这种饮食法注重天然食物，要求在30天内禁止摄入糖、酒精、谷物、乳制品、豆类、味精和亚硝酸盐等。——译者

② 生酮饮食是一个高脂肪、极低碳水化合物、蛋白质和其他营养素适量的饮食法。——译者

第 1 章

藻 类

史前的绿色

科幻小说家们总是热衷于设想未来人类的饮食会是如何古怪和令人作呕。藻类常常居于榜首，这让那些反乌托邦世界[①]充满了特别的"鱼腥"。在《人民陷阱》(*The People Trap*)中，人们依靠"鱼粉做的面包片夹加工过的藻类"生存。在《太空商人》(*The Space Merchants*)中，人们用纽约城的垃圾喂养出的巨藻、火地岛的浮游生物和哥斯达黎加的小球藻合成出了肉类的替代品。在《让地方！让地方！》(*Make Room! Make Room!*)中，我们能看到一种食品——在薄脆饼干上涂抹薄薄的人造黄油、鲸脂和小球藻。这部小说是 1973 年的电影《超世纪谍杀案》(*Soylent Green*)的剧本原型，这部电影预测了海洋的死亡、资源的枯竭，以及如今我们在每日新闻中会看到的全年潮湿的自然现象。40 年后，Soylent 成了第一批怪异而又前卫的食品之一——它的发明者认为吃饭既浪费时间，又令人生厌。

---

① 表面看来是公平有序、没有贫困和纷争的理想社会，实际是受到全方位管控的，只有自由的外表，人的尊严和人性受到否定。——译者

我是一个酷爱技术的美食爱好者，曾在旧金山、洛杉矶和纽约居住，它们是美国最具健康意识的三个城市。我将深绿色食品跟健康画上等号。食品的颜色越深，抗氧化剂——维生素和其他防止身体细胞损伤的成分——含量就越高。我服用螺旋藻补充剂来获取 ω-3 脂肪酸，我吃巨藻肉干（kelp jerky），我点裙带菜和羊栖菜沙拉——当发现餐厅菜单上有这么一道菜时。我爱这些东西包含的理念——它们是史前绿色生物。它们都是藻类，是在地球上存在了超过 10 亿年的海洋生物。亚洲人食用藻类的历史短则几个世纪，长则千年。美洲原住民们曾利用泉水和溪流周围的鲜绿色植被。一些藻类在非洲自然生长，而非洲几乎一直存在着粮食不安全问题。藻类也被送上了太空供宇航员食用，但并不十分成功——宇航员讨厌这种食品，就像孩子们讨厌菠菜。美国宇航局（NASA）的想法没错，但显然它需要在食谱设计上多下点功夫。

藻类具备养活人类和陆地动物的可能性，同时还能避免集约化农业和渔业对生态环境造成破坏。不过，尽管藻类长时间存在于传统饮食之中，它们的商业开发尚属新生领域。我的研究带我进入了食品世界中一个有趣又隐蔽的角落。一些藻类的蛋白质含量高得惊人，以至于肉类、奶、蛋和豆类都相形见绌。我发现了裸藻，一类单细胞生物，它们实际不算藻类，但很接近。我发现了浮萍，它们也不是藻类，但有巨大的营养潜力。我还发现了掌状红皮藻，它是一种海藻。所有这些实际上都属于同一家族，但是分类有点模糊不清。这或许就是藻类总是被取笑的原因。不管怎样，它们都是捕光水生生物——这是我能够做出的最宽泛的定义。

帕特·布朗（Pat Brown）是一名科学家，同时也是不可能食品公司（Impossible Foods）的创始人，2019 年他在《纽约客》的一篇文章中深情地说，一种叫核酮糖 -1, 5- 双磷酸羧化酶（RuBisCO）的蛋白质让他受挫。"RuBisCO，"他说，是"世界上营养价值最高的单一蛋白质。"它存在于植物的叶子中，形态微小而"不可能"被分离出来。但不可能食品制造它的第一款汉堡肉饼时，却使用了 RuBisCO。"它的功能比其他蛋白质的更优秀，能让汉堡肉饼更多汁。"布朗说。看到这里，我把杂志的这一页折了一个角，并在这个滑稽的化学术语上画了一个圈。

就在这本杂志还塞在我包里的同一周，我跟布赖恩·弗兰克（Brian Frank）见了面。弗兰克住在旧金山，管理着一家科技领域的早期风险投资基金。我们的工作常常会有交集。2019 年，我邀请他加入我主持的一个关于未来食品的专家小组。在交谈中，我问弗兰克什么让他最为兴奋。他从牛仔裤兜里掏出来一个小玻璃瓶。瓶子里米色的粉末看上去就像沙子。对弗兰克而言，这种"沙子"是一种（几乎）随处可见的神奇蛋白质，而他裤兜里的是从浮萍中提取的。浮萍在全球的水域中都有分布，但直到目前，它们主要还是鸟类的食物。当得知在实验室中这种蛋白质就被叫作 RuBisCO，我的耳朵立刻竖了起来。弗兰克告诉大家，他最新投资了圣迭戈的一家叫蒲兰波（Plantible）的初创公司，这家公司有望研发出下一种豌豆蛋白。事实上，那会儿我正计划一个月后前往圣迭戈。我便在邮件里问他，能够去参观吗？

苹果绿

"当心那个倾斜的白色邮筒。"托尼·马滕斯（Tony Martens）在邮件中叮嘱我。我的车拐进一条坑坑洼洼、满是泥泞的小路，在一辆移动办公拖车旁停下。远处，是北圣迭戈层峦起伏的群山。在这些移动办公室后面，我能看到许多破旧的、塑料棚的拱形温室。马滕斯走出来跟我打招呼，把我带到了他们崭新的办公室旁。他咧开嘴，露出坦诚而充满魅力的微笑。"我们刚刚租下了这里。"他说，这位高我一大截的联合创始人提了提自己的牛仔裤。他的兴奋溢于言表。马滕斯的创业伙伴毛里茨·范德文（Maurits van de Ven）走出房间，头上湿漉漉的，手里拿着一盘西蓝花和仿肉。我试图区分出两位中谁是科学家，谁是商人，但是我糊涂了。当马滕斯跟我讲述，他们是如何从阿姆斯特丹来到美国加利福尼亚州北圣迭戈的这条泥泞小路上，范德文在一旁享用着他的午餐。

蒲兰波种植浮萍，浮萍不是藻类，却富含 RuBisCO。在进行光合作用的植物中，RuBisCO 催化了二氧化碳固定过程第一步的发生，由此大气中的碳被植物利用，并转化为其他形式的能量，如葡萄糖和蛋白质。浮萍的蛋白质含量高达 40%～45%。尽管它们被鸟类和水生动物食用，在一些地方野生浮萍仍然被视作一种有害的水草——比如野葛（kudzu），因为它们能够完全覆盖水体表面，妨碍其他水生植物的生长。不过，两位创始人说，种植浮萍获取它们的蛋白质，进而为人类所用，是潜力无穷的。

《纽约客》特约撰稿人塔德·弗兰德（Tad Friend）在为帕

特·布朗编写的简介中称，没有人能规模化生产 RuBisCO。但蒲兰波狂热的荷兰人却赌他们能够证明弗兰德说错了。不可能食品的研发团队甚至已经拿到了蒲兰波少量的蛋白粉来试验。

"RuBisCO 最酷的地方，是它能像鸡蛋蛋白质、乳清蛋白或酪蛋白一样发挥功效，"马滕斯说，"你能用它们更高效地制造出奶酪、乳制品或类似动物肉的组织，所需要的浓缩程度要比大豆、豌豆、小麦和水稻中的蛋白质更低。"生产它的问题在于是否有可能使用更常见的原料，例如"我们能够咀嚼的绿色叶子"，种植者们不大愿意从市面上畅销的食品——羽衣甘蓝、菠菜和莴苣等——中分离这些分子。这是挑战所在。农场的废弃物，比如西蓝花叶和胡萝卜叶，是 RuBisCO 另外的好来源——但建立可持续、洁净的供应很困难，农场生产会受到季节变化的影响。

想想吧，在这样一个产业中，两个 30 岁的企业家离开阿姆斯特丹（在那里他们被水环绕）搬到圣迭戈（在这里大部分地方都是沙子），开创养殖微型水生植物（这需要水）的事业，产品能够替代烘焙用的鸡蛋、酿酸奶用的牛奶——这个故事是多么令人热血沸腾。食品世界的喧哗与骚动——糅合了淘金潮的热情和活动家的血汗股权——由两股力量促成：一股是来自硅谷、寻找着下一只"独角兽"的投资者财富，一股是拯救这个星球的殷切热忱。尽管我们现有的食品工业体系已经拥有人才、实验室和资金，但大型公司对寻找传统食物的替代品这件事没有丝毫动力。对传统农业和工业化农业的信徒而言，地球的资源取之不尽。就像在美国前总统特朗普看来，气候变化压根儿就不存在一样。不过值得庆幸的是，仍然有很多人的确相信气候变化，并积极关注近年来持续的森林火灾、融化的冰山以及变暖的海洋——这些状况激发了一大批食品公司的兴起，它们各自怀揣着不同的目标。需要注意的是，食品巨头们正在观望，并开始收购新型食品公司，这个举措实际上会扼杀这些公司的独创力和行善的原则。

　　回到独创力上来。浮萍是绿色的，看上去就像一颗被抛光过的澳洲青苹果（Granny Smith apple）①。在蒲兰波的温室里，它们安静地漂浮在椭圆形的池塘中，这里有桨轮让水循环，微风轻拂。塑料薄膜的覆盖使得温室内部温暖而湿润。当我凝视着这成千上万的覆满池面的双叶植物，听着某个地方传来的滴滴答答的声响，我似乎陷入了一种冥想的状态。"我像是被它们催眠了。"我对两位创始人说。他们大笑。我应该不是第一个有这种感受的人。"我能尝一下它们吗？""当然。"我用食指在水里蘸了一下，再拉出来，食指被湿漉漉的绿色碎片包裹，就像碾碎的毛豆。我把它们放进嘴里，像是在吃结球莴苣或郁金香茎——得承认我吃过——味淡而清脆。

　　"我们几乎找遍了每一种自然界中存在的绿色叶子，"范德文说，"从紫花苜蓿到含有叶绿素的海藻，它们都含有 RuBisCO，然后我们走进了浮萍空间。"我花了好一会儿来思索"浮萍

---

①　苹果的一个品种，1868 年在澳大利亚由玛丽亚·安·舍伍德·史密斯（Maria Ann Sherwood Smith）无意中培植出来，表皮呈浅绿色并有斑点，果肉清脆多汁，多种植在澳大利亚和新西兰，美国的加利福尼亚州和亚利桑那州也有种植。——译者

空间"这个词。浮萍一旦繁殖，组织就开始自主生长，这为蒲兰波提供了一个自我延续的供应链。我们又参观了一些温室，这些温室都是这对创始人从一个尝试商业化养殖海藻而后破产的公司那儿继承来的。（看到了没：这就是信徒！）接着马滕斯带我到了一个蛋白质加工区域——另外一个装着轮子的房间。

　　一个如此节俭的初创公司既罕见又令人钦佩——这与 20 世纪 90 年代互联网泡沫时期我工作过的初创公司大相径庭，那时我们玩桌上足球，坐在昂贵的赫尔曼·米勒[①]办公椅上。除了获得 18 座已建成温室的产权和租赁廉价的预制办公室，蒲兰波还找到了其他的省钱方法。他们使用一台搅拌机来代替昂贵的微流化器，后者的成本相当于一辆新的小汽车。他们也尝试了其他的设备，但结果不尽如人意。"还是没办法和这台维他美仕[②]相比。"马滕斯深情地说，并轻轻拍着他的小玩意儿。一旦搅拌好，绿色浆液会进入一个类似泳装烘干机的机器，那种可以在 10 秒内就把泳装烘干的东西。在这个旋转的机器内，蛋白质和纤维首先被分离。接着，通过加热，叶绿素被去除。最后，多酚（一种风味物质）被活性炭吸附。蒲兰波希望找到出售叶绿素和多酚的途径——比如供给专门的保健品公司——这些物质有益于健康饮食，对分离蛋白却没有用。但是目前，它还是未实现价值的废物流。[③]

---

①　美国有百年历史的著名家具设计品牌。——译者

②　美国的一个著名搅拌机品牌。——译者

③　另一个食品制造业中的案例：在生产液体鸡蛋时损失的蛋壳里的钙。——作者

　　蒲兰波把蛋白质样品寄给了众多的公司，好评如潮。很多新型食品公司仍然在犹豫，究竟是供应商业化的原料，还是自主生产适合消费者的产品。目前，蒲兰波把主要精力集中在扩大蛋白质的生产规模上，但马滕斯跟我保证，他们已经确定了许多产品种类。"每天我都会收到大约 20 封索要样品的邮件，"他说，"但是我们更愿意，好吧，我们需要自己保留这些样品，来研发自己的产品。"在蒲兰波的产品研发清单中，酸奶赫然在列，但把 RuBisCO 作为鸡蛋的替代品用在烘焙食品中似乎是一个更优先的选择。为此，马滕斯和范德文雇用了一名曾在 Soylent 工作过的食品科学家。这家总部在洛杉矶的公司生产多功能代餐奶昔。

　　你不能把公司命名为 Soylent，却不使用藻类。最初进入市场时，Soylent 奶昔中含有海藻油，但由于生产的问题，海藻油随后被葵花子油替代。奶昔中主要的蛋白质是大豆分离蛋白——这是食品加工领域的一种主要原料。但 Soylent 负责创新和产品开发的高级副总裁朱莉·达乌（Julie Daoust），仍然在测试藻类衍生的原料。她把这当作是"未来食品的一部分"。Soylent 的名字来源于电影《超世纪谍杀案》，几乎每个人想到未来食品的时候都会联想到这部电影，主角最后发现自己食品的真正原料是死人。这当然极其恶心，但这部 1973 年的电影却是一个警示：你得知道自己吃的是什么。这也是对我们的世界和社会的评论，至今仍然鞭辟入里。

　　6 个月后我回访了马滕斯。那是在 2020 年 7 月，新冠病毒正在美国肆虐。尽管遭遇疫情，但蒲兰波仍然在 4 月完成了一轮460 万美元的融资。两位创始人租了房车来住。研究团队已经培育出不同种类的浮萍，并正在测量它们的生长速度和蛋白质含量。尽管马滕斯最终卖掉了他挚爱的维他美仕搅拌机和"泳装烘干机"，换来了一台胶体研磨器和一台离心机，蒲兰波一周的产量还是只有 1 公斤。2021 年，他们希望能够有一个周产量 10 公斤的先导工场。在那之前，他们的样品依旧供不应求。"明年的量都已经预售完了。"马滕斯说。现在，他告诉我，他们仍然满足不了样品需求，还是"明年的量都已经预售完了"。

要实现仅仅为一个客户提供蛋白质的目标，不可能食品和蒲兰波需要做的还有很多。"假设（不可能食品）每年需要 1000 吨 RuBisCO，这意味着我们需要管理 240 英亩①的池塘，而这仅仅是美国大豆种植面积的 0.0003%。"这些还都是预测，现在蒲兰波不过才运营着 2 英亩的养殖场，其中只有 1 英亩上覆盖着温柔舒缓、让人昏昏欲睡的浮萍。

藻类：规则变革者

植物王国包罗万象，藻类世界辽阔无边。虽然对于藻类的界定仍然没有形成统一的意见，但科学家已经发现了 72 000 个藻类物种，甚至都来不及给它们分类。它们中只有少数被引入了人类的饮食。藻类是简单的生物，它们利用太阳能迅速繁殖。跟其他类似的水生生物相比，藻类生成脂肪、蛋白质和碳水化合物的效率最高。它们也被称为满足生物燃料、食品、肥料和天然染

---

① 1 英亩≈0.405 公顷，240 英亩相当于 182 个橄榄球场，或者 3722 个网球场。——作者

料等无穷无尽的现代需求的原料。产量的灵活性，相对的可持续性，使得藻类被认为是一种正在改变世界格局的微小生物。但目前，除了补充剂行业，藻类还没有在其他领域实现人们对它们的期望。

考古证据表明，人类食用藻类已经有上千年的历史。螺旋藻，一种常见的蓝藻，几个世纪以来一直被非洲中部的居民作为食物。在乍得，它被称为 dihé，当地人从科索罗姆湖采集这种微小生物，在太阳下晒干，加入肉汤和蔬菜汤中食用。在墨西哥，400 多年前螺旋藻就被人采集，用于制作一种叫特脆特拉脱儿（tecuitlatl）的薄饼。如今，螺旋藻出现在美国各地的果汁店和超市里。如果你吃鱼，你也会间接地吃到藻类，它们在海洋中相当丰富，是海洋蛋白质的主要碳源。由于大部分鱼体内缺乏合适的酶分解 ω-3 脂肪酸——二十碳五烯酸（EPA）和二十二碳六烯酸（DHA）——当我们吃海鲜时，这些都会转移给我们。我们要么通过这种方式摄入 ω-3 脂肪酸，要么跳过"中间商"直接从藻类中获得。

营养学家告诉我们，每周最好吃两次鱼来摄入 ω-3 脂肪酸，这类脂肪酸能够改善大脑健康、减轻炎症和缓解关节炎。其他研究显示，这类关键的脂肪酸还能够帮助减缓衰老导致的认知功能衰退、阿尔茨海默病和其他痴呆病症的发展。虽然这些研究还未做出最后定论，但直到目前为止藻类还没有显露出缺点。考虑到藻类的价值，我定期服用藻类来源的 ω-3 脂肪酸补充剂，希望上述所言真实无误，而我不仅仅是在"制造昂贵的尿液"。

科学作家露丝·卡斯辛格（Ruth Kassinger）在她的《黏液》（Slime）中写道："海洋中的藻类要比宇宙所有星系中的恒星还要

多。"藻类肩负着支持地球生命的重任。我们呼吸的氧气有 50%
是由它们产生的。任何伤害藻类的事情后果都很严重。2019 年
是人类有记录以来第二热的年份。而在 2015 年到 2019 年之间，
大气中二氧化碳的增加速度快了 20%。二氧化碳在大气中可以
停留几个世纪，在海洋中停留的时间更长。因此，许多科学家称
我们的食品供应受到了威胁。

在对藻类作为气候友好型解决方案的信任投票中，美国参
议院把这种生物加进了 2018 年的农业法案。藻类被从一种营养
补充剂提升到了农作物的地位，并获得了一系列的支持——从
为藻类养殖者提供农作物保险，到美国农业部建立一个新的藻类
农业研究项目——旨在促进将藻类作为农产品推广。在学术圈，
加州大学戴维斯分校正在试验几个先行项目，试图找到方法降低
养殖牛产生的甲烷气体。试验同时以奶牛和肉牛为对象，结果非
常令人信服。[1] 研究者在这些牛的饲料中加入红藻，特别是刺海
门冬（Asparagopsis armata），初步结果显示，即使只给牛喂少
量的海藻，也能降低牛的肠内发酵，即牛打嗝的次数，这种生理
反应在牛咀嚼和消化草的时候会向大气中释放甲烷。仅需微小的
添加量就能奏效。海藻含量为 0.5% 的饲料就能使甲烷排放下降
26%，海藻含量增加到 1%，甲烷排放则会下降 67%。未来的研
究或许会探索，这种时髦的饮食是否会带来牛排味道的改变。也

---

① 阿尔伯特·斯特劳斯（Albert Straus），斯特劳斯家庭乳品厂的创始人，
在加利福尼亚的马林县拥有一个有机牧场。他获得了美国农业部国家有
机计划的费用减免支持，以进行一个为期 6 周的试验：使用由蓝色海
洋谷仓公司（Blue Ocean Barns）提供的新型海藻补充剂喂养他的奶
牛。——作者

或许某一天，牛肉市场会从草饲变成藻饲？

"我认为微藻前景无量。"阿萨夫·扎乔（Asaf Tzachor）在电话上跟我讲。扎乔是英国剑桥大学生存风险研究中心（CSER）的一名研究员。他研究关键的生命支持系统——不仅仅是食品，还有这些系统如何在特定的压力源①下发挥作用。它们能在经济实惠的同时保证安全和营养吗？微藻养殖场的即插即用系统（plug-and-play system）②能够推广到其他国家吗？有没有什么现成的技术能够利用？他告诉我："满足所有的要求是非常困难的。"

在扎乔看来，藻类是无与伦比的作物。养殖藻类，人们能够用增强的人工条件替代天然的生长要素。例如，用 LED 灯代替阳光；用贫瘠的土地代替耕地；用咸水代替饮用水。人们可以在城市中为它们打造堆叠式的生长环境，还可以调整 LED 灯的光谱来优化它们的生长速度。应对粮食危机，藻类再合适不过，它们还能够轻松地跨越文化界限。"微藻之所以美妙，是因为它们源自海洋，人们更倾向于认为海洋代表健康。"他说。他是对的，我们大多数人仍然认为海洋是健康的，即便一些海洋已经受到"太平洋垃圾带"③的威胁，那是海洋中一个塑料制品积聚的区域，面积是得克萨斯州的两倍，法国的 3 倍。

---

① 压力源可以是一种化学或生物因素、环境条件、外部刺激或对生物体造成压力的事件。——译者
② 计算机术语，指电脑加上新的外部设备时，能自动侦测和配置硬件资源，不需要重新配置或手动安装驱动程序。——译者
③ 是从美国加利福尼亚到夏威夷之间的东太平洋水域中一个巨型垃圾积聚区。有关环保组织考察发现，垃圾带中有大量尺寸大于 5 厘米的塑料废弃物。——译者

螺旋藻的前景

在写作本书的中途，我搬回了旧金山。虽然房租昂贵，但西海岸（最好的海岸？）是更多食品技术公司的所在地。我可以减少一些出差，因为公司创始人大都定居在这里，而那些没有住在这儿的也会过来参加会议或者与投资者会面。当我在 2019 年最终见到埃利奥特·罗斯（Elliot Roth）时，他正忙着开会和见投资人。2016 年，罗斯在弗吉尼亚州创建了斯派拉公司（Spira）。斯派拉的产品随时间不断发展，但公司开发藻类用途的业务重心却始终未变。

我与罗斯在石磨抹茶见面，这是一家位于旧金山使命区中心地带的精品咖啡馆。在我面前的是一杯有着玉石般颜色的抹茶拿铁，价格不菲。当罗斯风风火火地冲进门，身上的小镇气质扑面而来——他的手臂上挎着一个破旧的宾恩背包，松松垮垮的风衣随着步伐飘动，头上的针织帽让我想起母亲给我做过类似的款式。当他把帽子摘掉，头发一下子喷了出来。他打了个招呼，随即手就伸进口袋，掏出一个带螺旋盖的透明容器，里面装满了亮蓝色的粉末。"我们叫它'电光天空'，"他说，把容器递给我，"闻起来就像奶酪。"

我让鼻子悬停在容器上方，然后用指头摁在这些精细的粉末上。他说的没错，这玩意儿有着奇多①一样的味道，但是这触目惊心的蓝色在跟我的味蕾要心理把戏。就像亨氏（Heinz）推出的紫色番茄酱，它不合情理。他把粉末轻轻弹进他的抹茶拿

---

① 美国著名的膨化零食。——译者

铁中，我随即效仿。"为什么不呢？"我说，"抗氧化剂，对吧？"我把蓝色搅入绿色，欣赏着如同扎染一样的视觉效果。随后我想，自己是不是已经毁掉了这杯天价饮料。

这种蓝色如此明亮，就像绘制在精致的中国瓷器上的钴料。大剂量的钴具有毒性，今天的食品加工业中广泛使用的石油基蓝色色素也是如此。正因为这一点，罗斯才把注意力放在这种多少有些不正常的颜色上。在食品中，"人们不再想要石油制造的成分了。"他说。从 2008 年起，美国公共利益科学中心一直在敦促 FDA 对某些食用色素颁布禁令。M&M's 豆的生产商玛氏（Mars），花费了数年时间和大量资金来开发一种从螺旋藻中提取的天然蓝色色素。2016 年，《纽约时报杂志》发表了一篇以"食品巨头们能改变吗？"为题的深度报道，文章中，食品和农业记者玛利亚·沃兰（Malia Wollan）报道了玛氏利用螺旋藻提取蓝色色素的工作成果，以及藻类行业为其产品能成为食用色素替代品而感到兴奋。

沃兰写道："食品公司在研发高饱和天然色素的工作中投入巨额资金和大量精力，在一定程度上是为了努力维持现状，让经典产品传承下去。但他们也知道，从生物学角度来讲，比起对一种特定糖果的怀旧情感，深的、对比度强的颜色更有吸引力。"

2016 年，玛氏宣布他们会在未来 5 年停止所有产品中人工色素的使用。不过，天然色素制成的 M&M's 豆还没能投入市场。如果你阅读 M&M's 豆包装的背面，你会看到玛氏仍然在使用 E133，即亮蓝 FCF。永远要对用数字表示的食品成分保持怀疑态度。我试图联系玛氏，但没有得到回应。"玛氏在藻类研发上损失惨重，"罗斯告诉我，"因此我们必须要小心。"

我为手中的亮蓝色粉末惊叹不已。斯派拉做到了，至少看上去是这样。他们已经从螺旋藻中提取出了一种鲜艳的蓝色。螺旋藻有益于人体健康，已经被补充剂行业长期使用，但是这种微藻仍然属于一种奇异的成分。尽管被扎乔赞誉，藻类还是受到了技术限制——它们相当昂贵。此外，就养殖而言，藻类过于微小和敏感。一旦把什么条件弄错——温度、光照量和营养等——它们就会迅速死亡。

我搅动着抹茶拿铁，罗斯从他的背包中拿出另外一个样品罐。"上一瓶是我们从螺旋藻中分离出来的耐储食用色素，而这一瓶……是蛋白质。"他说。装在这个小罐里面的，是一些不规则的块，看上去像脏脏的白粉笔。"是一种螺旋藻分离蛋白吗？"我问。他点了点头，并告诉我，这些经由基因改造的微藻，蛋白质含量高达48%。为了获得这样的颜色以及这些块状蛋白质，斯派拉公司在实验室中将它们做了改造——换句话说，这些螺旋藻是转基因食品。2018 年，美国农业部颁布了针对转基因食品标示的具体准则，最终使用"经生物工程改造"（bioengineered）这个词来描述罗斯在实验室里制造出的这种成分。你也可以看到它们被标示为"转基因"。2020 年底，由水赏科技公司（AquaBounty）生产的第一批转基因三文鱼有望交付给海鲜经销商。[①]斯派拉的蓝色色素还不能承受烹饪、加热和冷却，但已经很接近了。

---

① 2021 年 5 月，水赏科技公司向客户交付了第一批产品，约 5 吨 AquAdvantage 品系三文鱼销往美国各地。——译者

2017 年，罗斯和我通过电话相识，当时我正在为《快公司》（Fast Company）杂志撰写一篇关于藻类的文章，我采访了他。那会儿，罗斯在制造一种他命名为"活培光合茶"的饮料，原料是他用朋友车库 DIY 的实验室里养的螺旋藻。我向他索要样品，但他说这种饮料送不了，"保质期太短了"。那是一种暗绿色、黏糊糊的饮料，看上去让人大倒胃口。当罗斯试着让生意起步的时候，无疑在践行一种真正的创业者精神，他赖以为生的是从鱼缸里捞出来的螺旋藻，以及一位在当地面包房工作的朋友送给他的隔夜贝果。

螺旋藻的新鲜程度决定了味道的差异：无味或一种难闻、浓烈的植物味。新鲜的藻类没有味道，但是当它被烘干并制成粉末时，便会释放出强烈的气味，一些文化待之如蜜糖，其他文化则弃之如砒霜。在做茶之前，罗斯短暂地生产过一种厨房器具——"像一个咖啡机"，他说——用来在家制造藻类。这或许是送给末日生存者们①的完美礼物，他们是一群为了迎接世界末日疯狂囤积食物的人。"那些人本应该喜爱它的。"他总共卖掉了 250 个器具，赔了钱，迅速转去做茶。

2019 年，罗斯把斯派拉搬到了圣佩德罗，这是一个位于加州长滩附近的港口小城，他再次转向，开始在实验室中改造螺旋藻以生产"电光天空"。斯派拉的五人团队工作的实验室在一个停车场的模块化集装箱里。现在，斯派拉成了"阿尔塔海洋"

---

① 《末日生存者》（Doomsday Preppers），是美国国家地理频道的一个纪实电视剧节目，于 2011 年至 2014 年播出，里面记录了为世界末日的到来做各种准备的人。——译者

（AltaSea.org）的一分子，这是一个位于洛杉矶的海洋企业孵化器，旨在支持蓝色经济 —— 通过利用全球的海洋促进经济增长。

与种植浮萍相似，养殖藻类"最容易"的方法，是用一块小型赛马场形状的宽敞露天池塘。为了避免藻类生长停滞，营养物质通过管道输进池塘时，桨轮会搅动水流。每两天左右，当藻类生长达到饱和状态，它们就被采收。"全球有上万个螺旋藻养殖场为了生意苦苦挣扎。"罗斯说。这些养殖场大多位于偏僻的乡村，很难找到客户。斯派拉会以更合理的价格与他们签订合同，为他们提供稳定的业务。斯派拉合作的养殖场位于印度尼西亚、印度、泰国和蒙古国。"我们会利用网络效应。"他解释说，公司用这种方式来管理藻类养殖场，养殖足够的原料来供应日益扩大的客户群。

但另外，全球的露天池塘都存在污染和天气等问题，因此生产商也在实验其他方法。这包括在大型发酵池里养殖藻类，或是在光生物反应器中 —— 一种由闭合的玻璃管道组成的迷宫般的装置，管道中不间断地流动着营养物，以持续产生生物质。两种方法都依赖电能，相比于利用太阳能，会显得不可持续，启动和运行生产的耗资也大得惊人。

斯派拉虽小，但充满了希望。今年，罗斯计划筹集资金，以支持不断扩大的客户群。客户之一是 Gem 公司，他们在一种每日维生素咀嚼片中添加了螺旋藻；101 苹果酒屋（101 Cider House）用斯派拉的色素制作了两款苹果酒；原果汁（Raw Juicery）在制造"美人鱼柠檬汁"；诺玛（Noma），公认的全球顶级餐厅之一，也在捣鼓斯派拉的产品。大部分商业实验室在疫情期间关闭，斯派拉的小实验室却一直在寄送样品出去。"他们都很无聊，愿意尝试一下，"罗斯说，"现在我们有了销售渠道。"

不仅如此，罗斯甚至野心勃勃地希望他的蓝色能够出现在辉瑞公司的万艾可药片中，蓝人乐团（Blue Man Group）[1] 使用的乳胶涂料里——一些真正重要的蓝色物质——但"大型公司希望在冒险行动之前，这项技术的风险已经降低"，他说。斯派拉最近在他们的实验室工作中增加了红色——从红藻中提取出来的。

跟萝蔓莴苣一样，藻类已经被作为宇航员食品带入了太空，但时间并不长，因为 NASA 没有找到让它们变得可口的方法。尽管酥脆的海藻零食在亚洲很受欢迎，但美国消费者，即便是前卫的千禧一代，对藻类的喜好也仅仅停留在脆海苔片的层面上。总部位于底特律的非食物（Nonfood）是少数致力于让藻类变得更美味的初创公司之一，这家公司用浮萍、小球藻和螺旋藻的混合物生产了一种能量棒，叫作"非棒"（Nonbar）。每一条能量棒中含有 7 克蛋白质，27% 的每日铁推荐摄入量，100% 的每日维生素 A 推荐摄入量，438 毫克的 ω-3 脂肪酸——α-亚麻酸（ALA）、DHA 和 EPA。我第一次见到非食物的创始人肖恩·拉斯佩特（Sean Raspet）时，他的公司还在纽约的 Food-X 企业孵化器中。我勇敢地品尝过他们早期版本的能量棒，牙齿都被染成了绿色。

最新的 4.0 版本，体积更小，外表仍然是深绿色的，但布满了烤蚕豆的碎片。在去图书馆的路上我开始吃它，咬掉一口，缓

---

[1]　一个美国的三人表演团体，他们的皮肤被涂成蓝色。——译者

慢地咀嚼。这味道很不寻常，有一点儿花香，又有一点儿咸鲜，不是很甜。我不能立刻说自己喜欢上了它，但我接着吃。有些像是在约会，在第三口后我沦陷了，开始享受它，在吃完的那一瞬间我很伤心，因为它实在太小了。拉斯佩特是一位艺术家，风味化学也是他的爱好，他曾在 Soylent 担任了好几年的调味师。他告诉我，这条能量棒还有抹茶的尾调，我一开始都没有意识到。"我的艺术，是重新定义艺术和大众经济的界限。非食物就符合这种理念。"他说。尽管喜欢非棒，我还是不确定这个世界会有多渴望设计师食品。

　　藻类行业的社群虽小，但彼此互帮互助。如果一个人能做大做强，就可以提振整个行业。亚当·诺布尔（Adam Noble）做到了。他的公司，诺布尔根（Noblegen，总部设在加拿大的安大略省），正在用发酵池来养殖微生物。诺布尔自称是一个"古怪的小孩"，很小的时候就接触过细胞生物学。他的父母都是兽医，常常会把显微镜带回家，这样诺布尔就能近距离观察物体。一家人居住在湖边，高中时，诺布尔就在互联网上搜索"藻类和水中的生物"。于是他找到了眼虫，一种不是植物、动物，也不是真菌的生物。"它被叫作垃圾生物，是原生生物，也是其他生物的弃儿。"诺布尔说。这是一种他能够理解的感觉。"最不可思议的是，眼虫实际上是第一个肌肉细胞。"

　　就像藻类，眼虫能够被"编码"，从而按照"输入"的物质吐出特定的蛋白质、碳水化合物和脂肪。跟大部分以光合作用为生的藻类不一样，眼虫在黑暗中生长。诺布尔不愿意分享更多的细节，但他告诉我："我们试图使用眼虫的语言，并从细胞层面理解它。"这意味着可以通过设定恰当的条件操纵它的代谢反馈——不同范围的营养、温度、酸碱度，对应着不同的输出——来达成他所说的"细胞人工智能"。

自然界的人工智能——最终细胞能够学习，植物取代机器人接管世界——很难理解，但还不至于荒谬到不可能发生。诺布尔所描述的听上去很像已经用于种植蔬菜的垂直农场。垂直农场使用 LED 灯来让植物快速生长，通过传感器获取植物的反馈，再根据反馈对光线进行调整。

在大型制造厂养殖食品需要自然资源——能量、水、稳定的原料供应。为了抵消碳足迹，诺布尔根希望试验用废物流作为饲料来源。基础原料之一是糖，它能够由豌豆分离蛋白质后残留的淀粉提供。

布伦丹·布雷热（Brendan Brazier）是诺布尔根的创新总监，也是运动营养品公司维加（Vega）的联合创始人，他正为能够找到棕榈油的替代品而兴奋不已。棕榈油被食品巨头普遍使用，但它受到的指责和攻击与日俱增，批评者认为它是破坏环境的凶手，因为种植棕榈树会导致大面积原始森林被砍伐，同时对自然栖息地造成广泛破坏。

另一家正在探究藻类的初创公司，是位于圣迭戈的特里顿藻类（Triton Algae）。这家公司正集中精力在其新的先导工场中培育莱茵衣藻（Chlamydomonas reinhardtii），这是一种典型的绿藻。在实验室中，特里顿正在增加藻类的铁元素（血红素）含量，它让藻类呈现出红色，并让它们具有了肉的味道。颜色和口味两种要素，使特里顿的藻类对仿肉的生产商产生了极大的吸引力。血红素目前已经能由基因改造过的酵母菌细胞在大型容器中生产，它赋予不可能食品的汉堡肉饼以出了名的"肉"香，以及逼真的（血腥的）浅粉色。在第 8 章，我会进一步讨论不可能食品使用的这种让其脱颖而出的关键成分。特里顿原本想刺激藻类的绿色受体 —— 通常包括叶绿素。但意外的是，藻类变红了，生产出了血红素的前体化合物。但因为红色并不是所有食品的理想颜色，所以特里顿还在研究一个无色版本。

从海藻中获取蛋白质

海藻在亚洲饮食中很常见，但在美国，它们主要被用作食品中的黏合剂、增稠剂和凝胶。卡拉胶是从海藻中提取的用途最广泛的添加剂，它被用于很多常见食品中，包括冰激凌、植物奶、酸奶、糖果，以及婴儿食品。但人们往往忽视，海藻其实也是一种优质的蛋白质来源。在各种各样的红色、棕色和绿色海藻中，红色海藻的蛋白质含量最高，占其干重的 47%。与种植成本最低的大豆相比，每英亩红藻的蛋白质产量是大豆的 5 倍。这使其更有价值，也更可持续。支持我们耕地的健康生态系统已经被工业化农业消耗殆尽，因此，精明的企业家在挖掘海洋的潜力之外，还将目光投向了海洋中现有的海藻供应链。

目前，海洋中过度的商业化捕捞，已经造成了大量海洋物种的灭绝，相较之下，海藻能更容易地养殖和循环养殖 —— 只要我们的水域不被污染或不过热。基于土壤的工业化农业，依赖于化肥，海洋却拥有自己稳定的营养流，包括氮这种构成蛋白质的关键元素。植物同样需要运动，而在海洋中，风和浪能够搅动海水。海藻能够提供我们生存所需的全部必需氨基酸——包括谷氨酸、甘氨酸，还有维生素 B_{12}，但事实上，是蛋白质凸显了海藻的价值。

"海藻企业家"并不是一个朗朗上口的词，但它代表着一门庞大的生意。2019 年，全球的海藻市场估值超过 590 亿美元。2020 年，预计还将有 60 亿美元的增长。这足以得到一些人的垂青——其中就有营养公司（Trophic）的贝丝·措特（Beth Zotter）和阿曼达·斯泰尔斯（Amanda Stiles）。营养公司是一家位于加利福尼亚州伯克利的食品技术初创公司。我在一个阴天拜访了它的实验室。从停车场望过去，我能看到一个小小的潟湖，湖的远处就是旧金山湾。我们坐在一间会议室里，斯泰尔斯准备了一托盘她们正在试验的不同种类的海藻。我的鼻子伸进每一个装海藻的碗中，深深地吸入咸咸的气息。

"我们认为这些海藻被忽略和轻视了。"措特说。红藻或许在美国被忽视，但它占据了海藻市场一半以上的份额。据营养公司介绍，跟蛋白质紧紧结合在一起的红色分子，赋予了海藻层次丰富、咸鲜的味道。措特告诉我，有一些种类，特别是掌状红皮藻，吃起来就像培根。它的高蛋白质含量和颜色，堪称植物肉产品的福音。"海藻还很便宜，你花 10～50 美分就能买到 1 公斤。"措特补充说。

在创建营养公司之前，措特为一家日本公司工作，那家公司在研究如何利用大型藻类生产生物燃料——一个吞掉了许多初创公司的大坑。（到目前为止）失败是因为没能找到一种经济的方式来大规模养殖藻类，同时产生投资回报。斯泰尔斯是措特的创业伙伴，曾为涟漪食品公司（Ripple Foods）工作，并创造了从植物中分离蛋白质的可扩增方法——为了生产食品而不是燃料。"在涟漪，我试图完全纯化蛋白质，但是在这儿，伴随蛋白质而来的一切都让我们欢欣鼓舞。"

对营养公司来说，食品是基础，但这家初创公司也在参与另一个项目的合作——从海藻中提取蛋白质并用海藻生产能源。2019 年，公司从美国能源部先进能源研究计划署（ARPA-E，一个致力于开发新型能源的美国政府机构）获得了一笔 580 万美元的拨款。目前，营养公司正在跟新罕布什尔大学和 Otherlab[①] 一起合作，探索海藻的先进养殖技术。"明年我们将会在距离新罕布什尔州海岸 10 英里[②] 的地方，建造一个最尖端的养殖场。"措特说。团队的目标，是要证明他们获得的利润足以抵消运营成本——其数字已经让投资者感到头疼。营养公司的高技术海洋养殖场将通过"波浪能上升流"实现自体施肥，即利用波浪中的能量产生天然水流，从而把营养丰富的海水推高来供给海藻作物。如果营养公司能够大量削减养殖海藻的成本，能源生产也能实现。

此外，营养公司还从好食品研究所（Good Food Institute）[③]获得了两笔经费，用于进一步研究如何规模化地从藻类中提取

---

① 美国的一家独立实验室，致力于可持续能源和机器人的创新和研发。——译者

② 1 英里 ≈ 1.61 千米。——译者

③ 一个国际性的非营利组织，目标是加速替代蛋白质的研发和创新。——译者

红色蛋白质。"我们的目标是从价格和规模两个方面击败大豆蛋白。"大豆蛋白的成本目前是一公斤两美元，几乎低到了无人能敌的地步。这意味着营养公司还有大量的工作要做。即便如此，在疫情的初期，这个两人小团队仍然取得了进展。斯泰尔斯在自家车库中建造了一个实验室，里面有一台离心机。

跟许多研发新技术的初创公司不一样，营养公司用好食品研究所的经费取得的成果，将会作为开放资源，而不会成为受专利保护的知识产权。2020 年 1 月，她们宣布能够使蛋白质浓度达到 50%；第二台离心机也已经订购；此外还有一吨红藻正在等待美国农业部的设备加工，该设备位于公司附近的加州奥尔巴尼，将帮助她们扩大蛋白质提取的规模，并试验新的烘干技术。

一旦疫情缓和，这台设备重新开放，她们就能把生产出的蛋白质样品寄给数十家商业公司，这些公司十分渴望在他们的植物性产品中试验这些蛋白质。"我们迫不及待地想要开始，不过在等着就地庇护令解除。"措特在 2020 年 7 月说。

海藻饮食

我们只是偶尔服用处方药，但是每天要吃几顿饭。为什么我们能够获悉药品的所有安全细节，而那些安全性尚未被验证或研究过的成分，却可以被食品公司添加在食品中？食品技术初创公司往往不会对新产品提出可操作的见解，他们倾向于让产品遵循一个目标层级：它有益于地球；它能够拯救动物；它对人类更健康。

　　美国民众的个人健康处于如今的状况——据美国疾病控制和预防中心（CDC）统计，肥胖症以惊人的速度持续增长，而心血管疾病是大多数种族群体的头号杀手——是因为长期以来工商界将人置于它们的财务状况之后。而初创公司的创始人和风险投资者大部分是美国的白人男性，这种严重不平等的状况难道不会持续吗？

　　关于什么是健康饮食，人们已有广泛的共识——全食（天然未加工的食物）、地中海饮食、植物性饮食——但营养学界仍然在脂肪、红肉和碳水化合物等其他关键议题上含糊其词。2017 年，一篇发表在《藻类学杂志》（*Journal of Phycology*）的研究称，虽然探讨微藻和巨型藻食品与补充剂的文献浩如烟海，但"评估它们对人类健康的作用的定量研究却很薄弱"。完成的研究太少，而即使是已问世的成果也令人费解。

　　简单来说，人体所需的基础营养成分相同，但身体处理营养素的方式却各有差异。不算太悬殊，但要把这个过程转化为一套统一的规则，则充满挑战。以糖尿病为例，两个同样患病的人，却需要不同量的胰岛素来代谢一片面包或一碗米饭产生的葡萄糖。不仅如此，运动水平、激素和年龄都对我们消化食品产生着影响。营养学研究的经费来之不易，这些资金当然很难流向藻类这样小众的领域。即便获得经费，做出了一个有益于全世界最广泛人群的研究，也有其自身的限制。

　　在亚洲，研究指出食用海藻有助于预防癌症。2019 年，弗朗西斯·J. 菲尔茨（Francis J. Fields）等人在《功能性食品杂志》（*Journal of Functional Foods*）上发表了一项在美国完成的研究——探讨微藻对胃肠道健康的影响。这项研究在加州大学圣迭戈分校的史蒂芬·梅菲尔德（Stephen Mayfield）实验室完成。梅菲尔德是藻类行业最博识的人之一，当他还在运作大学实验室时，曾衍生出两家以藻类为主业的公司，其中就包括特里顿。被试者报告，食用藻类后，胃肠不适得到缓解，但这些自陈报告的样本量太小。为了验证结论，还需要更大规模的研究。

稳定性是食品商业化的关键，但在自然界中这种特性却很难获得。海洋中的藻类在不同的季节和海岸环境中会发生自然变异。藻类的不稳定性还体现在我们对其生物利用率——身体能多大程度地吸收它们的宏量营养素，以及它们的营养成分如何跟我们的代谢过程相互作用——的有限认知上。尽管认为藻类对健康有益，对于这种效用如何发挥，我们还是不得而知。

就基本的可持续性而言，关于海藻的证据更明晰一些。在2017年10月的《工业生物技术》（Industrial Biotechnology）上，扎乔等联合署名发表了一篇题为"剔除中间的鱼——海洋微藻作为下一个可持续的 ω-3 脂肪酸和蛋白质来源"的文章，研究者测试了各种标准食品生成等量必需氨基酸所需的土地和水量。海洋微藻击败了鸡肉、牛肉和豌豆，"由于不需要肥沃的土地，它的土地使用量减少了 75 倍以上，淡水使用量减少了 7400 倍"。不过，由于室内养殖属于能源密集的生产方式，它的碳足迹会由于种植方式远离阳光而增加。

《工业生物技术》的这篇文章并没有提到，还有一种特殊的蛋白质，（可能）耗用的土地资源最少。那就是从空气中得来的蛋白质——最早出现在一个多世纪之前儒勒·凡尔纳的科幻小说中。位于加州森尼韦尔的诺沃营养公司（NovoNutrients），正在尝试从排放的甲烷——我们最想从臭氧层中减少的气体——中获取二氧化碳，来制造蛋白质，这些蛋白质能够用于配制水产养殖用的鱼饲料。2020 年，诺沃营养跟雪佛龙合作，开始了一项试点研究。另一家位于加州伯克利的初创公司——空气蛋白质（Air Protein），提出将空气转化为蛋白质，进而将蛋白质粉末加工成食品。听上去像是天方夜谭，但我却被告知他们已经生产出了类似鸡肉的空气蛋白质。不知道味道怎样。第三家是冰岛的太阳食品公司（Solar Foods），他们利用可再生的水电来实现同样的目的。

不过，对这些"自成一格"的想法的批评之声也不绝于耳。斯坦福大学的气候学家马克·雅各布森（Mark Jacobson）认为，从空气中提取二氧化碳来生产食品的过程，会消耗太多的能源。"食品中不只有碳，还有氢和氮，"他说，"制造食品需要能源。空气蛋白质听上去很美妙，但实际上就是一个噱头。我们不需要从空气中获取碳，而是需要从源头就阻止碳进入空气中。"雅各布森毕生致力于让全世界的燃煤电站被可再生能源代替。用一家燃煤电站制造食品，只会让那家糟糕的电站排放出更多的碳。当我们考虑从作物种植和牲畜饲养的传统农业中脱身，转而在工厂中制造更多的食品时，我们不能忘记工厂运转也需要建设基础设施，供应生产食品所需的水，同时连接上能源。

藻类具有养活我们星球的潜力——但前提条件是吸引足够多的消费者接受它们。在那之前，它们还需要持续地改头换面。在藻类具有无限的应用潜力这一点上，斯派拉的埃利奥特·罗斯跟我看法相同。"藻类能够做的事情太多了。这就是藻类社区的信条。"他说。作为一名永远的藻类拥趸，罗斯奉行着他的信条。"真的，你只想把一件事做得足够好。对于我和我的团队来说，我们就从颜色起步，尤其是蓝色。"当大部分初创公司都极度重视蛋白质的时候，颜色或许是藻类最终在配料市场上的立足之处。

真　菌

从电池到鸡胸肉

直到几年前，只有很少的人能读懂"菌丝体"（mycelium）这个词，但它却是市场上第一批非大豆肉类替代品的基础。这种食品叫作阔恩（Quorn）。它也是第一种供人类食用，而非用于动物饲料的单细胞蛋白。这种新型食品的生产始于20世纪60年代，那时人们大声疾呼蛋白质短缺时代即将到来，由于地球前所未有的人口爆炸——30亿在那时是令人震惊的数字。在研究了数千种土壤样本后，科学家们最终选定了一种叫金黄色镰孢的真菌。这种真菌以碳水化合物为能量来源，能够在容器中发酵并转化为可食用的"菌蛋白"。几天之内，它们就能从1克变为1500吨。但评估这种产品是否适合人类食用，却用了10年的时间，直到1985年，阔恩才第一次在英格兰上市。几十年来，这款小众产品一直举步维艰，有些人报告说对其有过敏反应和胃肠道问题（有些人对鸡蛋、乳制品和大豆有类似的反应），但如今情况大不一样了。2018年，在全美拥有2700多个连锁店的克罗格（Kroger）超市里，阔恩的"鸡肉块"成为销售最快的无肉类食品。

菌丝体是蘑菇的近亲，属于真菌王国的大约 150 万个物种之一，既非植物，也非动物。想象一棵百年大树底部发达的根系。将其缩小，使根系变得极为精细，就像是挂在一根枝丫上的成千上万根细丝。这种丝状结构就是菌丝体的形态。在森林中，菌丝体以树木、土壤、小虫子和其他营养物为食。因为菌丝体能够分解森林地表的堆积物——例如死虫子和枯树叶——这种真菌也通常被认为是自然界的清道夫。早在 1957 年，《经济植物学》（Economic Botany）的一篇文章就认为，相较于藻类，真菌是一种更现实可行的蛋白质来源。不过当科学家们展望人类未来的营养时，这两种生物都常常出现在食品列表中。但在阔恩的成功之外，没有人去考虑如何将菌丝体的食用潜能转化为商业价值，直到最近，这种情况才开始改变。

FDA 称，如果一份特定食品提供的营养素——蛋白质、脂肪、维生素 D 等——能够满足人体 20% 的每日营养需求，那么它就算一种"优质来源"。菌丝体制造的蛋白质就属于这一阵营。除了蛋白质，菌丝体还含有复合碳水化合物，脂肪含量低，抗氧化剂、钙和镁的含量很高。它还含有 9 种必需氨基酸，蛋白质消化率校正的氨基酸评分（PDCAAS）达到了 0.99，优于牛肉的 0.92。PDCAAS 是评估蛋白质质量的一种方法，它基于构成蛋白质的氨基酸种类和人体消化它们的能力。鸡蛋的评分是 1.00，鸡肉的评分是 0.95。藻类的蛋白质浓度在 40%～60%，它们的 PDCAAS 要低很多。人类食用真菌已经有几百年的历史，把它作为一种蛋白质的替代来源加入正餐中，我们可能不需要经过多少思想斗争。

在科罗拉多州的博尔德，能值食品公司（Emergy Foods）的创始人明白菌丝体是多么灵活。在用菌丝体做出"牛排"之前，他们还用菌丝体制造了电池。泰勒·哈金斯（Tyler Huggins）和他的创业伙伴贾斯汀·怀特利（Justin Whiteley）在科罗拉多大学攻读博士学位时相识。最初，这两位工程专业的学生用菌丝体开发微型电池，目标是某天能够为 iPhone 这样的设备供电。这对伙伴用当地啤酒厂富含营养的废水培育他们早期的菌丝体菌株，再将大量的菌株烘烤成木炭状的物质，进而制造出电极。这就成了电池的能量源。这是何等的奇思妙想！

但很不幸，购买者并没有蜂拥而至。于是，哈金斯和怀特利将研究转向食品。他们筛选了数千种菌株，找出了最合适生产的种类。"我们挑选的指标包括生长速度、营养成分、味道、质地和碳转化率。"哈金斯说。最终，哈金斯和怀特利从他们的微生物库里选择了一种菌株，并将这名勤奋的员工命名为罗西塔（Rosita）。

"豌豆蛋白是这个领域中的大热门，但是它有着让人厌恶的味道。"哈金斯说。没错。很多人被这种强烈的"豆腥味"吓跑，为豌豆的竞争者留下了大量的空间。2019 年，能值食品募集到了超过 500 万美元的资金——对于种子期融资是一大笔钱。这包括了美国能源部和国家科学基金会的拨款，能源部重视先进制造业和全球竞争力，而国家科学基金会优先考虑可持续的食品生产。

能值食品在大型发酵罐（就像你在啤酒厂看到的那样）里

培育以菌丝体为基础的蛋白质。它们的初始形态就是烧杯里细长的丝。真菌在营养混合物中生长，其中含有糖、氮和磷——哈金斯认为这些"都是安全的物质"。在发酵罐里，菌丝体变粗并填满了罐子，速度非常快。18小时内，一股股的菌丝体就能填满一个容积1000升的发酵罐。能值食品的一个发酵罐每天能生产出80~100磅①成品，相较于同等产量的工厂化农场，节省了90%的土地和用水量。

发酵在我们的食物史中源远流长，但培育真菌并不是简单地把它扔进装有基础营养物的罐子里，这个过程要复杂得多。初创公司的创始人往往守口如瓶；他们生产的培植食品用的确切原料究竟是什么，大部分创始人都用"秘密酱汁"来避免直接回答。哈金斯向我保证，能值食品的蛋白质使用了最少的化学物质，而且都很温和。"实际的生产过程就像制造奶酪。我们去除了水分，将它们做成鸡胸肉或者牛排的样子。我们尝试着将产品的功能性成分控制在5种以内。"几个月后当我们再次交谈，哈金斯说最终的产品仅仅由3种成分构成：菌丝体、甜菜色素和天然调味品（香料和营养酵母等）。这令我印象深刻。相比之下，别样肉客（Beyond Meat）和不可能食品的产品都含有15~18种成分，其中一些成分还经过了精加工，远远脱离了它们最开始的天然属性。

2020年，我尝到了能值食品的第一款产品——菌丝体"牛排"。它将以商品名Meati零售，以便更容易被人们接受。无论

---

①　1磅 ≈ 454克。——译者

是谁，只要能制造出一种食品，吃起来极像可以大快朵颐的牛排，都应该受到嘉奖，因为用哈金斯的话说，"它的目标就是原切牛排啊"。根据营养成分表，一份 4 盎司①的菌丝体"牛排"含有 22 克蛋白质、10 克碳水化合物，几乎没有脂肪。相较而言，一份 4 盎司的牛排含有 13 克脂肪、26 克蛋白质。菌丝体"牛排"还富含锌，并提供了我每日所需 30% 以上的纤维。这个数字应该会让每个人都感到满意（包括我）。

　　装在我的 Meati 盒子里的，是一只"鸡"、一块"牛排"、两袋"肉干"。我从"肉干"开动。红褐色的外观，让"肉干"轻松赢得了我的好感。它又香又耐嚼，非常美味。某天晚餐时，我在炉子上用一个煎锅烹制那块"牛排"。开始煎时，它还是冻住的，大块的组织看起来并不太像肉，但很快它在锅里出现了焦化。我加了点儿橄榄油和黄油，听着它在锅中吱吱作响。"牛排"煎好后，我把它放在砧板上，用一把锋利的刀逆着纹理切开。这块肉的内部呈粉红色，表面是褐色。我把一条肉放进嘴里咀嚼。组织的口感非同凡响，蘑菇的味道稍微有些重，但我挺喜欢。哈金斯向我保证这一款还有提升的空间。只需要再多一点点脂肪，形状更随意一些，这块"牛排"就会让人心悦诚服。

　　为了检验他的产品，哈金斯把"牛排"分享给各地的主厨们。他说，产品卖出去很容易，因为它们的生态足迹②很低，成分列表简短，厨师很轻松就能用它们来搭配各式菜肴。这款菌

---

①　1 盎司 ≈ 28.3 克。——译者

②　是维持一个人、地区、国家生存所需要的，具有生态生产力的地域面积。——译者

丝体"牛排"会首先出现在洛杉矶、纽约和芝加哥的米其林星级餐厅里。对大厨们而言，烹制一块只有 3 种成分的仿肉都不用多费心思。他们被它多汁的组织、可塑性极强的风味征服，迫不及待地想让那些最挑剔的素食客人试吃它。大厨们不仅想在他们的餐厅推出这款看上去极其天然的食品，他们还想投资。2020 年 10 月，能值食品在 A 轮融资中募集到 2800 万美元，芝加哥阿利尼亚餐厅（Alinea）的格兰特·阿卡兹（Grant Achatz）和大卫·巴伯（David Barber，名厨丹·巴伯的兄弟）都有参与投资。

跟大部分食品技术公司的创始人不一样，哈金斯并不是纯素食者①，也不是素食者②。这对于一家想要生产牛排替代品的初创公司而言，显然极有帮助。"我对肉类的品质要求非常高。我在蒙大拿州长大，父母有一座野牛牧场，但我也信奉可持续发展和减少肉类消费。"匹配红肉的风味是一件颇具玄机的事情，我问哈金斯，他如何看待竞争对手不可能食品在汉堡中使用血红素（一种基因改造的分子），以及能值食品是否会考虑使用转基因成分。"目前为止我认为没有必要添加血红素。"他告诉我，并解释在添加任何转基因成分之前，他想要了解"公众对于风味的看法"，只有传言说添加血红素是必要的。"除非消费者有需求，否则我不认为我们需要它。"

---

① 也称严格素食主义者，不碰任何动物制品。——译者
② 不吃陆地动物，但吃鱼虾、蛋或奶制品。——译者

用菌丝体改良食品

　　另一家基于菌丝体的初创公司真菌科技（MycoTechnology）距离能值食品仅 35 英里远。真菌科技正在用菌丝体改造和强化植物蛋白。跟能值食品不一样，真菌科技并不打算在超市中出售产品。公司对食品制造商宣传，它们已经生产出一种功能性的豌豆和大米蛋白混合物，这种混合物在气味上更平和，没有过于强烈的植物性后味。真菌科技以让我们的食物系统更可持续、更健康为使命，无疑让人尊敬。不过，其生产的原料是否能让我们的食品更加可口，还有待观察。

　　在探索真菌的食品技术世界之前，我跟真菌的唯一联系是在平底锅里煎的蘑菇盖。蘑菇的子实体——菌柄、菌盖和菌褶——看起来跟长在地下和实验室里的真菌的结构大相径庭。

　　或许你还没有听说过真菌科技的名字，但这家公司已经获得了 15 项专利，还有十多项专利正在申请中，这帮助它募集到了超过 8500 万美元。凭借投资者和食品巨头对其的信任，真菌科技搬进了一个面积达 86 000 平方英尺①的全新工厂，位于科罗拉多州的奥罗拉，在机场和丹佛市中心之间。公司的首席执行官艾伦·哈恩（Alan Hahn）告诉我，工厂里 24 个发酵罐全都没有停歇的时刻——要么正在酿造，要么正在被清洗以便接着酿造。跟手艺化的啤酒酿造不同，这里的操作更加工业化：24 个笨重的不锈钢罐成批地制造出同一种原料。这样的制造工厂隐藏在我们食品供应的幕后。2019 年，当我参观工厂时，我注意到一个

①　1 平方英尺 ≈ 0.09 平方米。——译者

来自孟菲斯肉类公司（Memphis Meats）的小型团队正在与艾伦会面。这家伯克利的初创公司前来考察真菌科技工厂的细节。许多新型食品团队都会依赖生物反应器——支持活细胞生长的容器——其中的过程跟发酵差异不大。真菌科技的设施是第一批专为生产新型食品而建造的大型设施之一。

　　我最早听说真菌科技是在 2015 年，那会儿这家公司宣称找到了一种从面包和意大利面中去除麸质[①]的方法。关键就是菌丝体菌株，它们可以分解麸质。公司称，用它们的面粉制作出来的意大利面虽然不是 100% 无麸质，但已经很接近了。这家位于丹佛的公司制造的另一种基于菌丝体的成分是叫 ClearTaste 的粉末，它是发酵过程的副产品。只需要使用微小的量，ClearTaste 就能改变我们舌头上感知食物中苦味（或是刺激性味道）的 25 个受体中的 18 个。它能让浓咖啡不那么涩，也能让黑巧克力没那么苦。ClearTaste 目前已经在 100 多个商业饮品中使用——具体的品牌名字受相关的保密协定（NDAs）保护——它可以成就一杯味道更好的红茶，可能人们都意识不到这其中有什么变化。它还被用到了巧克力棒中——玛莎·斯图尔特（Martha Stewart）[②]会推销的那种。当我拜访真菌科技时，哈恩拒绝透露任何合作品牌的名字，但他说我能够在任何一家便利店中找到使用了 ClearTaste 的冰茶。因为粉末的用量极其微小，所以你永远不会在成分标签上看到它，但你应该明白，它可能就隐藏在"天然调

---

① 又称面筋蛋白，是谷物中的一组蛋白质。小麦、黑麦、大麦等含有麸质，遇水形成网状结构。——译者

② 美国著名女企业家，有"家政女王"之称。她把自己在烹调和家庭布置的经验逐渐总结起来，并发展了一个媒体帝国。——译者

味品"这个名称之下。

你几乎能在每个成分表中找到"天然调味品"这个词。纳迪娅·贝伦斯坦（Nadia Berenstein）把标签上这种笼统模糊的名称叫作食品配方行业的"黑箱"。贝伦斯坦拥有宾夕法尼亚大学的历史学博士学位，我第一次见到她时，她正在纽约大学为实验性烹饪联合（Experimental Cuisine Collective）的团队讲授合成调味品。当她谈到我们热爱的糖果的制作方法时，这个小巧可爱的布鲁克林人让我目瞪口呆。要知道，当时整个房间都摆放着肉桂味糖果（Hot Tamales）和马戏团花生（Circus Peanuts）。

"苦味阻断剂"这个词听起来或许很高科技，但即使是食盐也能削弱苦味。试试看，在一块西柚上撒点盐。这有点疯狂，但确实奏效。那么菌丝体发酵的副产品为何会具有食盐的效果呢？为了满足我对不寻常成分的好奇，我打电话给贝伦斯坦讨论这些"黑箱"调味品。就像很多营养学的问题一样，针对这个议题有两方面的意见。"风味调节剂令人欢欣鼓舞，它们是食品和风味科学中真正的进步。"她告诉我。这些调节剂有能力达到"人们梦寐以求的味道，甜的、多脂的、咸的 —— 不健康的，但使用更少的有害成分"。另外，年轻一代有多愿意放手把自己交给食品制造商，也发生了明显的变化。"在这个时代里，人们条件反射般地对任何化学物质产生警惕，（成分）发挥功效的方式很容易引起人们的怀疑。"为什么要相信食品工业呢？在获得消费者的信任方面，这个行业似乎做得不尽如人意。

不过，在这趟参观真菌科技新工厂的行程中，我关注的重点另有所在。

汉堡大赛

在真菌科技的食品实验室里，我被介绍给了萨维塔·詹森（Savita Jensen），她是我遇到的最擅交际的食品科学家。"穿上这件实验服。"她交代我说，眼睛在一副方形黑框的眼镜后闪着友善的光。她又递给我塑料眼镜。我比她要高一些，虽然我们的身材都有些矮。詹森介绍我给她的同事们认识，他们正忙着其他工作。其中一位女士得知我在寻找待会儿吃饭的地点时，突然兴奋起来，于是整个团队立刻转向讨论我应该去丹佛哪里吃饭。詹森建议去面包房，而她刚好指给我看烘焙这一行的工具：磅秤、碗和堆满原材料的面包搁架。那天的日程安排包括花一小时跟詹森一起制作我自己的植物汉堡肉饼。第二天我们会把它烤出来。詹森花了数月来打磨她的配方，目标是得到一块完美的汉堡肉饼，配方中记录了精确的测量数据，包括盐的用量为 0.18 克。虽然，我的汉堡肉饼或许会和超市中卖的普通肉饼很相似，但詹森说她的配方使用了真菌科技研发的蛋白质，做出的肉饼不仅味道跟这些产品一样，配料还更少。

为了制作我自己的植物汉堡肉饼，我套上了一双蓝色的乳胶手套。詹森把一个搅拌盆放在我面前，并告诉我如何给磅秤归零。我用塑料的称量盘量好原料。詹森配方中的明星，和其他非动物肉汉堡中的一样，是 TVP，即组织化植物蛋白[①]。打个比方，

[①] 20 世纪 60 年代由阿奇尔丹尼尔斯米德兰公司（Archer Daniels Midland）发明，1991 年，这家公司为这个名称注册了商标。据食品行业内部人士说，这家公司不能容忍其他公司使用这个首字母缩写。在第 3 章，我会讨论 TVP 更多的细节。——作者

TVP 好比牛绞肉的碎末。真菌科技从中国东部的安徽省滁州市一家厂商购买豌豆和大米的浓缩蛋白①，那里离上海有 4 个小时的车程。将豌豆和大米蛋白混合在一起的唯一原因，是这样得到的 PDCAAS 更高。

在这里得插几句。即使是我这样一个科技吃货，在写作本书之前，对 PDCAAS 也都一无所知。这个评分后来变成了比拼哪种食物能够最接近 1 分的比赛。② 大部分创始人都会在这个计分上夸夸其谈，但最近，一个更新的缩写出现了——DIAAS，即可消化的必需氨基酸评分。这个新的评分框架考量的是单一氨基酸的消化率，与之相比，PDCAAS 评价的是食物整体。这个消息很有趣，但我打赌，除了关注营养不良和饮食指南的健康组织外，唯一关心这个评分指标的会是一名为下一届奥运会做准备的举重运动员。

当我称量其余的汉堡肉饼原料时，詹森将温水倒进一个装有 TVP 的盆里，用一个橡胶铲轻轻地搅动中间，现在它们看起来像是可以吃的袋装泡芙。总体来看，我的肉饼包含了真菌科技的豌豆大米混合蛋白，活性面筋粉（另一种蛋白质，又称谷朊粉），甲基纤维素（一种用于黏合的淀粉），牛肉、鸡肉和鲜味调味品（不是来自真正的牛或鸡，而是来自酵母提取物），甜菜粉（用于调制粉红色），汉堡调味料，盐，水和椰子油。我用一个勺子搅动它们，直到詹森让我直接上手。

---

① 浓缩蛋白的蛋白质含量比分离蛋白的低，也意味着它的加工程度更低。我将在下一章节中进一步讨论。——作者

② 目前 1 分的获得者是酪蛋白、乳清蛋白、大豆和鸡蛋。——作者

　　当我握紧手揉捏着这团黏糊糊的材料时，粉红色的黏液从手指缝里喷出来。"加油，再紧一些。"詹森在一旁给我鼓劲。几分钟后，我终于能在手掌中挤压这团混合物，而当松开手掌，能看到纤维在手指之间拉长。"看见了没！"詹森兴奋地说。我十分惊讶，因为很容易就做到了。我又继续按压了十多分钟，詹森提醒我把它做成肉饼状。接着，她把"饼"拍到一个托盘上，贴上写有我名字的胶带作为标签——就像公共冰箱里的食品一样——然后把它存放在一个冰柜中冷冻。最后她宣布："明天我们就把它烤出来！"

　　第二天中午我跟詹森在她的食品实验室碰头。"准备好吃汉堡了吗？"她咧嘴大笑。我们要烤三个不同的汉堡肉饼，包括我昨天做的那个。另外两个是詹森准备好的高脂肪版本，以及在一家当地超市买到的别样汉堡（Beyond Burger）[1]。"是的，准备好了。"我说。她递给我一件实验服，一名感官科学家站在我身边，他将会帮助我们评估肉饼的质地、口感、香气和味道。

　　煎好三块肉饼后，我们在白色的富美家（Formica）[2]柜子前排成一行，翻阅着各自的空白计分表。面前是三个简单的汉堡肉饼——没有搭配酱料。那名感官科学家告诉我该如何在整个评分过程中保持客观。交谈和评论要尽可能避免。在测评正式开始前，我抓起一个塑料杯，将我嚼过的肉吐出去，以免吃太饱。（当纯素食的创始人想要测评动物制品作为必要参考时，他们同

----

① 伊桑·布朗（Ethan Brown）在 2006 年创建了别样肉客公司。2016 年，别样肉客推出第一款基于植物蛋白的纯素汉堡——别样汉堡。——译者
② 美国著名的防火材料品牌。——译者

样会使用这个方法。）咀嚼、品尝、吐掉，就像品酒。但有时候很难记得关键的一步：不要咽下去。

在接下来的半个小时里，我们闻着、咬着，有条不紊地咀嚼着，让肉在口腔里腾挪翻转，深深思考……再吐到杯子里。三个汉堡肉饼实际上大同小异。口感势均力敌，油脂给味蕾带来了鲜美的味道。三种植物肉都完美地接近真正的红肉。我不禁想到，我们对于红肉的痴迷，是否仅仅是对我们所熟悉的事物的一种迷恋，归根结底，更像是怀旧。汉堡承载着我们的情感体验。在每年 7 月 4 日庆祝独立日的烧烤宴会上，我们吃汉堡；当我们还是孩子，在每个星期天下午的棒球场上，会跟父母一起吃汉堡。我们要的不过是能够夹在小圆面包之间、裹了酱汁的一种东西。搞定（食材）质地，你就命中了靶心。当然了，我把事情太过简化了。别样肉客在其汉堡配方上投入了上百万美元，并让其投资人确信，这是一门技术[①]，而不仅是食品，这使得它看上去比其实质更光鲜亮丽——也让公众确信，这是有益他们健康的好食物。但詹森和我用更少的原料、更简化的程序、更低端的技术就达到了同样的效果。

"山寨的创新很多，真正的创新很少。"哈恩在午餐时说，我们坐在澳拜客牛排馆里——餐厅是他选的，不过我猜他是更喜欢这里安静的隔间。十多年前，哈恩被检测出患有 2 型糖尿

---

① 大部分硅谷投资者在决定是否应该投资一家公司时，都希望看到有技术作为支撑。如果仅仅是制作食品，在碗里搅拌几下，如此这些，为什么还要对它进行估值和差异化呢？它又如何成为一桩数十亿美元的生意呢？——作者

病，那时这位首席执行官第一次见到他在真菌科技的联合创始人——一名研究蘑菇的科学家。哈恩将研究视作 2 型糖尿病患者的潜在希望。此后他改变了饮食方式，以素食为主，这最终改变了他的病情。"我的医生告诉我，我是第一个听从他的建议，最终停掉药物的病人。"他说。

在看到他的联合创始人用蘑菇减少了咖啡的苦味后，哈恩毫不迟疑地投入蘑菇的生意中。但他们最后放弃了咖啡，因为咖啡的物流表明其不能盈利。不论他的原料是否真的能让植物性食品变得更好，健康似乎始终是哈恩的主要目标。当然钱也是目标。6 月，公司在 D 轮融资中募集到 3900 万美元，而在几次谈话中这位首席执行官也都提到了公司准备上市。

翻着澳拜客的菜单，我看到了一道抱子甘蓝前菜，这道菜标明含有 1000 卡路里热量。不难想象，食客点这道菜的时候会充满了道德感，哪怕是被油煎过的蔬菜和作为配菜的培根会让所有健康的概念化为乌有。我和哈恩，1 型糖尿病患者和康复中的 2 型糖尿病患者，最终都点了沙拉。我也许是在用一套更严格的规则看待这个世界，但期待食品公司去保护那些不能如我这般在吃这件事上用尽全力的人，难道有错吗？我很感激哈恩这群人，他们投入时间和金钱，把更健康的成分引入我们不那么可靠的食品供应链。但我希望的是，为人所熟知的成分（它们经过了人体长达千百年的试验）最终成为食品。我喜欢哈恩，但我怀疑他的高度加工的菌丝体粉末或许已经跨进了"天然调味品"的黑箱，它们的安全性，真的，没法知道。

我在真菌科技参观时的向导之一，是公司的首席技术官里克·贝克尔（Rick Becker）。当我们穿过工厂时，他滔滔不绝地说着曾经为食品配方巨头们制造过的食品添加剂：结晶果糖（从玉米中得来，比果葡糖浆更甜）、葡萄糖、淀粉、食用酒精。我猜贝克尔是想给我留下深刻印象，但他提到的都不是什么好东西。事实上，它们恰恰是我们高度加工的、不健康的美式饮食的根基。每次我打断贝克尔提一个问题，他都慢吞吞地回应，"我会讲到这个的"。他一头白发，散发着权威的气质，这无疑是他在我们的食物系统幕后工作几十年的结果。尽管如此，我还是喜欢他。

"我们的产品是爆炸物。如果房间里有很多粉末，气压合适，一个火花就能引发粉尘爆炸。"贝克尔说，露出一丝坏笑，"就像谷物粉末那样。"1785 年，意大利的一个面粉厂发生了食品制造业有记录以来的第一次粉尘爆炸。3 年前，在 7 场爆炸中，5 人丧生。因此，我扣紧了我的外套扣子，拽下安全帽帽檐，把塑料眼镜调正。我已经看了足够多的《流言终结者》（*MythBusters*）节目，知道这时该怎么做。我们继续参观行程。

真菌科技培育的大部分菌丝体菌株来自香菇，但哈恩告诉我，他们的孢子库拥有超过 60 种不同的真菌。经过数年的研究，他们的科学家宣称每种真菌的生产方式有微妙的不同。为了保证活性，菌丝体菌株被存放在零下 80 摄氏度的冰柜里。临近生产，培养物被取出来恢复至室温，再跟甘油和少量蛋白质的混合物一起放进培养皿。一段时间后，内容物被转移到烧瓶，装入温控柜，同时搅动。11 天后，这些菌丝体 —— 如今看起来像漂浮的粉圆 —— 被放入 3000 升的发酵罐。接着，它们被依次添加到更大的罐子——25 000升、90 000升，直到菌丝体"处理"出足够多的蛋白质混合物。① 混合物接下来由管道输送到一个喷雾干燥器中，在那里完成最后的工序。到这个环节，菌丝体占据了最终成品的1%。从开始到结束，整个过程需要耗用3周时间。

现在想来，我在丹佛看到的一切仍然有点儿虚幻缥缈。它们不像是能被我握在手里的东西。它们似乎漂浮在玻璃瓶里，隐藏在巨大的不锈钢罐子里，装在聚乙烯内衬纸袋里。最终我拿到了一个样品，那是一条能量棒，属于家乐氏公司（Kellogg's）旗下的卡希（Kashi）食品系列。如果你跟我一样喜欢查看标签，你会看到一行简短的字："豌豆和大米混合蛋白"，你可能不知道这种单一成分背后的复杂生产流程。更为吊诡的是，真菌科技，这样一个以菌丝体为基础的公司，使用真菌仅仅是为了加工其他的植物性原料，而不是将真菌直接引入我们的饮食。

食品被加工的程度令人不安——蛋白质替代品跟其他领域一样充满了罪恶。2020年，真菌科技开始将它的混合蛋白提供给JBS公司，这是全球最大的鲜牛肉和猪肉加工企业，年销售额超过了500亿美元。JBS拥有许多小公司，其中包括位于科罗拉多州博尔德的普兰特拉食品（Planterra Foods）。普兰特拉没有在其网站上提到它与JBS的关系。2020年夏天，它推出了一系列的植物肉汉堡，以及叫作Ozo的"牛绞肉"。这些产品的主要原料由真菌科技提供，公司的一名发言人称其为FVP，即"发酵植物蛋白"（fermented vegetable protein）。

---

① 最终产物是一种混合蛋白，只含有微量的辛勤劳动的菌丝体。——作者

　　JBS 靠传统肉类赚钱，但它并不打算忽视潮流，以便能在植物肉上赚取更多的钱。在接受《食物领航员》（*Food Navigator*）采访时，普兰特拉的首席执行官称："很明显，人们已经高度关注植物性食品很长一段时间了，而且这种关注短期内不会消失。"那么现在，我们来溯源一个产品，了解一下他们卖给我们的到底是什么。豌豆，在北美种植；大米，混合物中占比较小的部分，来自印度和中国。两种作物采收后，被船运到中国，加工成食品原料。蛋白质随后被航运集装箱送回来 —— 先用船运到美国西岸，再用火车运到科罗拉多 —— 之后由真菌科技装进巨型罐子里加工。接着，它们被送到普兰特拉，在那里变成了"肉"，包装、装箱，由冷藏货车送到全国的配送中心。最终，在下了订单后，它们就会堆上美国各地超市的肉类货架。这就是食品，当然了，但对我而言，我只会在一个了无生趣的烧烤聚会上吃掉这种东西，或许再去澳拜客牛排馆吃饭时会点它。

我们能吃霉菌

　　从蘑菇到菌丝体的跨越，远没有从菌丝体到……霉菌的跨越那般剧烈。每个人都知道霉菌是什么。看看《韦氏词典》是怎么解释的，霉菌是"真菌在潮湿、腐烂的有机物或活的生物表面产生的绒毛状的生长物"。第二项定义就显得没那么有用了，"霉菌是一种产霉的真菌"。原根（Prime Roots）是一家位于加州伯克利的初创公司，公司 25 岁的首席执行官金伯利·黎（Kimberlie Le）却不太愿意使用霉菌这个词。她深情脉脉地把它叫作她的

"超级蛋白质"。在这里，"它"指日本酒曲，是一种真菌、菌丝体，也是一种霉菌。即便你此前从未听说过日本酒曲，你也很有可能已经尝过它的味道。在亚洲，它作为一种活性成分用在酱油、米醋、味噌等调味品以及清酒中，已有数千年的历史。

在加州的奥克兰，我跟黎在杰克伦敦广场上的蓝瓶咖啡馆（Blue Bottle）碰面。蓝瓶是原根的投资者，另一家投资者是甜蜜绿色（Sweetgreen）。比起食品技术的典型投资者——食品巨头、大型配方原料企业和风险投资公司——这两家公司更多是以传统食物为人们所知晓，比如长在泥里的生菜、种在南美洲的咖啡豆（虽然雀巢是蓝瓶的大股东）。这些投资者的出现，是对黎和她的联合创始人乔舒亚·尼克松（Joshua Nixon）的信任——他们生产的是有益健康的食品，而不是实验室制造的仿制品。

黎和尼克松在加州大学伯克利分校的实验室相遇。故事情节很老套：他们都热爱食物，他们谈论食物，最终他们筹划制造食品。俩人决定，一旦毕业，就去申请独立生物①（IndieBio）的项目，这是一个位于旧金山的生物技术加速器。尼克松最终获得了生物工程和计算机科学的学士学位。黎拿到了分子毒理学和艺术的学士学位，以及音乐和食物系统的辅修学位。一开始，两位创始人计划制造鱼肉，他们以 Terreamino Foods 为名加入了独立生物的第6组。当他们完成加速器的项目，凭借融资简报募集到了430万美元，便转而重点打造日本酒曲本身，而不是用它制

---

① 独立生物每年组织一次为期4个月的加速器计划，有两批15家生物技术初创公司参加。被选中的团队会获得25万美元的种子资金，并会得到设备齐全的研究实验室、联合办公空间和指导。——译者

造别的东西，后一种方式在食品科学中是一个惯常把戏。以鱼糜（蟹肉）为例，光亮洁白的鱼糜销量很好，它可以由各种各样的鱼肉制成，其中主要是绿青鳕。将鱼去骨，清洗，剁碎成糊状，与其他原料混合。最后，把混合物加热并压成一只蟹腿的形状。这是黎不愿意做的事，但从某种意义上来说，也是她将要做的事——只不过她要制造的不是鱼，而是肉类。

黎的年轻和自信让她极具魅力。她 15 岁时在父母的食品公司管理过"一支团队"。黎的妈妈曾是温哥华的一名厨师，也是越南的名厨，而她现在成了原根的烹饪顾问。

"我们感到牛肉已经被呈现得足够好了，所以会关注牛肉以外的东西。"黎说。她从我连珠炮似的提问中推断，我已经从别人那里听到过她的陈述和推销，于是立即试图打消我的顾虑："我们做的一切都是天然的，也没有什么好隐藏的。""再给我多讲一些。"我说。"我们正在制造一种全新的蛋白质，这将是我们独一无二的技术成果。"黎说，"跟别样（肉客）和不可能（食品）之类的公司不一样，他们那些高度加工的食品是用分离蛋白制造的，或者仅仅把蛋白质分离出来。"而原根正在培育一种天然食物——日本酒曲——并把它转变为肉。"在厨房就能将它搞定，而且你不需要挤出机①。"

我第一次尝到原根的日本酒曲肉，是在奥克兰沙博太空和科学中心的一个发酵节，当时黎和尼克松正把它们端上餐桌。韩国泡菜、日本酒曲和康普茶堆放在科学中心各处的桌子上。

---

① 挤出机用来加热和冷却原料，再将其塑形成为最终产品，就像你喜欢的早餐麦片。在第 3 章我会介绍更多挤出机的细节。——作者

原根的"肉"盛放在一个卷心菜盏里。它看起来像是猪绞肉，吃起来也像。咀嚼的时候，我尝到了五香粉、姜、蒜和胡椒的味道。我感觉任何人都会很开心地吞掉一个包着这种"肉"馅的饺子。我又回去吃了几个，直到意识到应该留一些给别人。那天晚上，黎告诉我，他们刚刚签下了南方公园的一个小型零售空间的租约，南方公园曾经是旧金山互联网区的中心。我几个月后的跟访了解到，那家店还没有开张，这并不奇怪。疫情期间不是推出食品的最佳时机。虽然业务放缓，但原根仍然持续改进他们的日本酒曲"培根"，并在公司的客户体验网站上售卖。黎说，他们在伯克利一个 12 000 平方英尺的商业厨房里工作，但培育日本酒曲是一个缓慢的生意。尽管我多次提出请求，但她从来没有邀请我去参观，也不肯透露更多的细节。去年夏天，当我再次回访时，原根已在 A 轮融资中筹集到 1200 万美元。这将帮助他们扩大生产规模，也意味着我终于可以拿到样品了。

"跟我说说培根。"在蓝瓶咖啡馆，我问黎。

"我们实际是将原料制作成五花肉块的样子，放进熏肉机里熏制。然后再把它切成培根的片状。"黎希望他们的培根能够成为传统培根的"恐怖谷"[①]，也就是说这些产品看起来跟培根会非常相像，以至于真假难辨。"我们不会像其他公司那样为了口感不惜一切。"黎说，例如使用黏合剂、增稠剂或胶凝剂——卡拉

---

① 恐怖谷（uncanny valley）最早用来描述跟人类相似的机器人，该理论进一步解释由于机器人和人类相似，人类会对机器人产生正面情感，但到了一个特定程度时，人类对机器人的正面反应就会变得极其负面。——作者

胶、琼脂或土豆淀粉。"它完全由日本酒曲天然制成，已经够时髦和古怪了。"我打赌，她所谓的"时髦和古怪"实际指的是朴实和美味。

为了写作本书，我做过的研究中比较简单的一个是试吃各种培根。我试吃过很多公司的产品，包括晨星农场（Morningstar Farm，属家乐氏），甜蜜地球（Sweet Earth，属雀巢），轻生活（Lightlife，属枫叶食品），阿特拉斯特食品（Atlast Foods，一家纽约的初创公司，同样生产基于菌丝体的产品）和欢呼食品（Hooray Foods，一个旧金山湾区的初创公司）。最后两家初创公司都生产出了可口的，但并不算完美的培根。它们有烟熏味、口感酥脆，甚至算是美味，但却不够丰腴油润。它们在平底锅里能迅速煎好，如果你喜欢特别脆的口感，那么这是好的，但是如果你习惯了慢煎那些偏肥的培根，这就不太妙了。这也引出了另一个话题：脂肪。很少有初创公司能妥善处理这个问题。几乎所有植物性食品公司都使用椰子油，但椰子油含有 90% 的饱和脂肪酸，这是医生告诉我们要限制摄入的成分。健康作家索菲娅·伊根（Sophie Egan）告诉我，人们认为椰子油是健康的，但事实并非如此。"任何油脂在室温下处于固态都不是一个好兆头。"不仅如此，椰子油也不利于生态的可持续发展。椰子来自热带国家，为了满足我们近年来对椰子油的痴迷，这些国家的生态已经遭到了破坏。不幸的是，椰子油仍然是商业食品配方的理想成分。它是最接近动物油的植物油。一些公司正在试图制造细胞培养的动物脂肪，例如现代牧场公司（Modern Meadow），但直到目前为止，还没有一家公司愿意谈论这个话题。

在吃到黎的培根之前，我在旧金山的一家全食超市（Whole Foods）花 7.99 美元购买了一份原根的预制餐。我排了好长时间的队，才最终取到它，以至于我看着手中的包装盒时感觉像是领到了一个大奖。"素食宫保日本酒曲鸡丁盖饭"，其他顾客知道这里面有什么不同吗？盒子里大部分是米饭，这意味着大量的碳水，撒在米饭上的是过去一整年我都有耳闻的日本酒曲"鸡丁"。它看起来像真实的鸡肉小块，搭配裹着酱汁的花生和胡萝卜。那一周晚些时候，我热了这餐。肉块比我想象中的软，但保持着形状。它们没有鸡肉那种多筋的质感，不过，对于新的食品，可能需要新的语言来描述。那么第一步可以这样：如果这不是鸡肉，就不要叫它鸡肉。

几个月后，我的培根终于到了，它被装在一个方形盒子里。就像黎描述的那样，盒子里是一块有带状条纹的培根——跟真的一模一样。唯一不同的是商标，五颜六色又可爱，并不是典型培根品牌的审美，你很难不对这盒培根怀揣希望。我按照包装指示煎制它，用了一大汤匙的椰子油，又得再说一次，这不健康。正如黎保证的那样，原根的成分表简短且不含黏合剂。最终这块培根没有糊弄任何人。风味很好，但是，不论从酥脆程度还是嚼劲来看，它的质地都算是完败。它尝起来像一块薄薄的可食用刨花板（还是烟熏味的），或是一块湿的硬纸板，嚼起来就像湿的纸吸管。

在所有正在研发的"未来"食品中，菌丝体似乎是改善我们食物系统的领跑者。它是可持续的、健康的，能被塑形成我们熟悉的动物蛋白（鸡肉、猪肉、牛肉），以及我们尚不知道的未来创造物。大厨丹·巴伯告诉我，他喜欢菌丝体的理念。"我对它确实感兴趣，也希望学习更多。"但接着又有些闪烁其词："我并不反对它。"保罗·斯塔梅斯（Paul Stamets）在他的书《菌丝体快跑》（*Mycelium Running*）中，将菌丝体比作"真菌魔术师"。它们的魔法，是能够建造、滋养、分解和拆卸有机分子。但当我们将这些过程从林地表层抽离出来的时候，有什么丢失或是有什么变得不同了吗？在做出肯定回答前，我们不妨再确认一下。

在新冠肺炎席卷全球后，真菌科技查询了它的孢子库，希望发掘到菌丝体与生俱来的优势。最初，哈恩制作出了少量的补充剂提供给公司员工，用来"更好地预防新冠病毒"，他说。"后来我们告诉顾客，结果每个人都希望将这些补充剂加到食品中。"很快，4 种基于菌丝体的补充剂 —— 虫草、猴头菇、灵芝和白桦茸 —— 将会被生产，并用于商业销售。最终，真菌似乎自己就行了善事。我请哈恩寄给我一瓶，要尽可能地快。

豌豆蛋白

天然食物的迪士尼乐园

为了了解植物性食品的市场规模有多大，我飞到加州的奥兰治县，去参加美国西博会（Expo West）。2019 年，这个全美最大的天然产品展会吸引到了 3521 家企业、85 540 名人员参加。[①]过道上挤满了参会者，所有人都穿着运动休闲装，显得活力四射。样品被随意派发 —— 这实际上是新冠疫情开始前一年的情景 —— 我们一路上大口地咬着，嘎吱地嚼着，咕嘟地喝着，对这个世界没有丝毫担心。

经一位在酸奶行业工作的朋友提醒，我穿上运动鞋，背了一个双肩包。在汹涌而来的样品面前，我记起"汉堡肉饼品尝要点"：咬、尝味、咀嚼、吐掉。展会分布在一大片房产之间，包括整个阿纳海姆会议中心、两家酒店和酒店的停车场。一排又一排的展台陈列着五花八门的创新食品，这足以让任何人的腰围饱受折磨。人们对植物性食品的热爱相当狂热，我也被卷入其中，而整个行业的重新规划 —— 更少的"纯素食活动家"和更多的

---

① 2020 年，因为新冠疫情，美国西博会在临开幕前几天取消。——作者

植物性"星球爱好者"——尤其显得雄心勃勃。

　　一直以来，素食者、无肉饮食倡导者和避免吃肉者都是我们这个世界的一部分，但是纯素食主义，以及"纯素食"这个词，却是由英国传入美国的。1944年，唐纳德·沃森（Donald Watson）成立了纯素食协会。幼年时沃森就萌生出不伤害动物的强烈情感。14岁时，他向父母正式宣布自己不再吃肉。渐渐地，他的戒律延伸到将一切乳制品排除在外。作为一名骨子里的环保主义者，成年后的沃森成了一名木匠。为了与食用乳制品的素食者形成区别，沃森召集了一小撮激进的素食者，创造出了一个能够描述他们生活方式的词语。"比'非乳制品素食者'更简洁的一个词"，他们写道。这个团体选取了vegetarian的头三个和最后两个字母。沃森称这是素食主义的"开端和结束"。

　　纯素食协会的目标是"寻求结束人类对动物的使用，包括为了食品、商品、工作、狩猎、活体解剖，以及所有其他涉及剥夺动物生命的用途"。这个定义划定了今天素食者的范围。一端是为动物权利而战的倡导者，另一端是希望身体更健康、环境更美好的植物性食品的狂热爱好者。中间是我们这些偶尔吃吃培根的人。食品巨头会利用这两群人，跟随他们的潮流，以获得新的、高利润的收入，让股东们高兴。

分离蛋白的历史

　　以植物性饮食替代动物性饮食的理念酝酿了相当长的时间。早在1930年，植物蛋白就在实验室里被分离出来，一开始它们被用于工业生产，例如纸张涂料。又经过了 9 年，它们才成为人类的食品。1940 年，格利登公司（Glidden Company）为一种"大豆分离蛋白"申请了第 2381407 号专利，它可以用于提高泡沫的持久性，也可以作为食品和甜点的稳定剂。1950 年，一种由大豆分离蛋白制成的非乳制品摩卡奶精上市。1956 年，沃辛顿食品公司（Worthington Foods）推出了世界上第一款由大豆分离蛋白制作的豆"奶"。

19 世纪初从中国进口用作动物饲料，大豆最初在美国和欧洲是一种鲜为人知的特种作物。第二次世界大战后，这种作物才得以推广，并彻底改变了我们的食品供应。当时大豆被视为解决迫在眉睫的"蛋白质危机"和人口爆炸的法宝。科学家和有关专家警告粮食短缺正在逼近。那个时期，报纸的标题也跟今天的惊人地相似——到 2050 年，我们要如何养活 98 亿的人口。

合成肥料和化学农药的广泛使用，让农民的产出翻了两三倍。大豆被用作一种低成本的牛饲料，这种饲养方式刺激了大规模畜牧业的发展，从而支持日益壮大的中产阶层的需求。但是突然之间，我们的谷物过剩了，传言中的粮食短缺并没有出现。在 20 世纪 70 年代，美国农业部说服农民坚定地种植更多的玉米和大豆，并为农民的收入提供担保，这是当时农业支持项目的一部分。为了政府的补贴以及一个全球化谷物市场的允诺，农民们就范了。以上简短的介绍，可以解释我们为何会像今天这样种植单一作物——小麦、玉米和大豆。这也是大豆如何成为植物性食品中基本蛋白质来源的原因。

沃辛顿成了植物性产品（大部分是坚果烤肉和肉类增量

剂）①的领导者。这家素食公司推出了许多人们熟悉的食品，但食品的名字听上去很有未来感：烧烤素肉（Proast）、新肉（Numete）、美味多（Tastex）、贝塔肉汤（Beta Broth）、小肉排（Choplets）。听上去很让人垂涎欲滴，不是吗？当时沃辛顿的营销口号是"适合各种场合的好食品"。第二次世界大战期间，美国政府的食品政策是参战的男人需要红肉，而妇女可以吃肉类替代品。当1945年战争结束，肉类生产恢复，战时"少花钱多办事"的美国人准备洗手不干了。食物历史学家纳迪娅·贝伦斯坦在与我的多次交谈中指出，在现代史的大部分时间里，"假"肉（以及其他"仿制"食品）都是地位低下、不受欢迎的商品。它们要么与战争的匮乏或极端贫困联系在一起，要么在素食者和其他有饮食限制的人群中小范围销售。当战争结束，对想要庆祝的美国人而言，假肉不再有胜利的味道。

　　沃辛顿对新型食品原料的探索，让公司找到了罗伯特·博耶（Robert Boyer）。博耶曾是亨利·福特的大豆研究中心的一名化学家，该中心位于密歇根州的迪尔伯恩。福特曾对用大豆制造塑料汽车有过宏伟的愿景。在福特汽车公司工作期间，博耶研发出了一种方法，利用从其他生产工序中提取的剩余蛋白质，将其纺成纤维。起初，他的工作旨在用大豆蛋白纤维替代福特汽车中的塑料、树脂和润滑油等工业原料，但最终他扩展了自己的领域，将这些纤维制成了食品。

---

① 坚果烤肉是一种素食菜肴，由坚果、谷物、植物油、肉汤、黄油和调味料组成，在烤制前制成坚固的面包形状。肉类增量剂是含有大量蛋白质的非肉类物质。——译者

075 第 3 章 豌豆蛋白

在 20 世纪 50 年代末，沃辛顿用罗伯特·博耶的蛋白质纤维开发出了一系列素肉。当时罗尔斯顿·普瑞纳公司（Ralston Purina）[①]已经拥有一家大豆加工厂，但在 1956 年，博耶仍然说服普瑞纳投资一家食品级的大豆分离蛋白工厂。这家工厂的产品蛋白质含量更高，豆腥味更少，利用博耶的专利许可，它们被纺成纤维。普瑞纳第一款上市的产品是"炸鸡"（FriChik），它作为馅料包入即食馅饼中出售。[②]其他食品公司也渴望进入这个新兴的植物性食品市场。通用磨坊加大了大豆的研发投入，并推出了一款叫作棒炊（Bontrae）的植物肉——贝伦斯坦猜测这个名字是想表明，它是好（bon）的晚餐前菜（entrée）。

没有哪家公司像通用磨坊那样，在探索蛋白质纤维的潜力方面投入如此之大，贝伦斯坦写道，博耶的方法是"这家公司的合成食品研究项目的核心"。20 世纪 60 年代，通用磨坊的分离蛋白研发项目聘请了 50 多位食品科学家，希望能够创造超市食品的下一波浪潮。

一位食品科学家告诉我，纺丝"鸡肉"虽然好吃，但是生产过程成本高企，还会产生大量废水。尽管经由导向性营销宣传并有意隐瞒了成分——大多数美国人认为大豆是一种动物饲料——棒炊还是没能走红。通用磨坊将其设备卖给了道森磨坊（Dawson Mills），一个位于明尼苏达州的食品加工商，并将

---

① 罗尔斯顿·普瑞纳曾是美国密苏里州圣路易斯的动物饲料、食品和宠物食品制造商，2001 年与雀巢旗下的弗里斯基斯合并。——译者

② 你今天仍然可以在线购买这款产品。它在亚马逊得到了四星的评价，一条评论说它有丰富的肉汁和肉味。——作者

棒炊的生产工艺授权给了伊利诺伊州的中央大豆公司（Central Soya）。但到 20 世纪 80 年代，两家公司都放弃了纺丝蛋白。如今，纺丝蛋白几乎不再用于生产食品，但博耶绝对应该被看作是所有仿肉的鼻祖之一。

最后，沃辛顿将精力集中到了一种更便宜的配方上，配方中使用了由大豆薄片制成的 TVP。1975 年，沃辛顿在美国推出了如今人们耳熟能详的晨星农场品牌。基于大豆的仿肉系列产品出现在全美各处的超市和杂货店里。作为今天植物性食品初创公司的早期典范，沃辛顿发展成了美国最大的植物性食品公司——憧憬着说服全美国人吃它的素食。如今，沃辛顿和晨星农场都归家乐氏所有，并且位居 2019 年美国植物性食品畅销榜。虽然不可能食品和别样肉客抢走了当前媒体的话题流量，但这两个家乐氏经典品牌早已有广阔的产品线，包括植物肉汉堡、早餐"香肠"和"鸡柳"等。今天，"健康的"植物性食品市场正在迅速变得过于饱和，每个食品巨头都在标榜自己的产品是市场上最健康、蛋白质含量最高、最美味可口的。但如果我们掀开这些修辞的面纱，极有可能看到它们共享着同样的原料供应商、工艺配方和合同制造商。

用粉末制造肉

组织化植物蛋白听上去多少有些倒人胃口。这是一种工业级的加工食品，但并不意味着不健康。在 20 世纪 60 年代制造出来后，TVP 成为使仿肉在口感和外形上更接近传统肉类的关键。为了获取 TVP，完整的大豆经由加工，分离出蛋白质，去除纤维和淀粉。接着，湿的蛋白质经喷雾干燥，通过高温的挤出机。这就是过去 50 年间食品加工业的标准流程。成百上千种加工食品的生产中都会使用挤出机。在早期，挤出机吐出来的主要是通心粉和膨化谷物颗粒，但到了 20 世纪 80 年代，它们变成了一种高速、高温的生物反应器，能够将生的原料加工为即食成品，像是面包丁、薄脆饼干，还有婴儿食品。①

TVP 看上去就像小小的、形状不规则的无浆果版嘎吱船长（Cap'n Crunch）麦片。你可以将这些嘎嘣脆的、没什么味道的颗粒在碗里搅一搅吃掉，但何苦这么做呢？你又不是伊桑·布朗。这是一个真实的故事：早年在别样肉客的时候，这位首席执行官和公司创始人会在办公室里从样品袋中抓出一把豌豆蛋白膨化物泡进植物奶，当早餐吃掉。哇，美味！你简直不能质疑他的敬业精神。

TVP 的早期版本是由分离蛋白制成的，因为产品的蛋白质含量越高，黏着性就越好——没有人希望自己的汉堡肉饼散掉。谢富弘（Fu-hung Hsieh）是第一批将 TVP 做出真实鸡肉质地的人之一。谢富弘出生于中国台湾，在美国接受教育，身材瘦削，有着轻柔的声音。他接近纯素食者，但偶尔也会吃肉。难道是培根？我不禁揣测。作为一名专业的生物工程学家和食品科学家，谢富弘的职业是对食品修修补补——跟农民截然相反，但目标却很相似：养活世界，也就是让世界变得更好的早期说法。

---

① 由于在加工过程中发生的化学变化，一些厂商会在挤压后的产品上喷洒维生素溶液，来弥补丢失的营养素。——作者

　　谢富弘起初在桂格燕麦公司（Quaker Oats）工作，在食品强化剂领域拥有 4 项专利（他利用甘油来让葡萄干保持柔软，通过添加 β-葡聚糖增加燕麦麸皮中纤维的含量）。1975 年，在明尼苏达大学获得食品科学博士学位后，谢富弘到密苏里大学任教。在我们的电话交谈中，他回忆起 20 世纪 90 年代试吃麦当劳推出的植物肉汉堡的情景（21 世纪初，麦当劳又推出了新的植物肉汉堡）。"味道很可怕。"他说。那款汉堡的原料之一就是 TVP 的早期版本。"不像是肉，没有肉的质地、外形和嚼劲。"他说。大学的工作赋予了谢富弘灵活性和时间，于是他开始钻研一个改良的版本。"我们得让一样东西看起来像真正的肉，然后才能让消费者来尝试它。"他告诉我。

　　谢富弘耗用了十余年时间来完善他的鸡肉仿制品。与他并肩奋斗的是一群研究生、同事哈罗德·赫夫（Harold Huff），以及一台拖拉机形状的机器——APV 贝克 50 毫米双螺杆同向共旋挤出机。"我们很幸运，有一台高度工业化的、中试规模的挤出机。"谢富弘说。最初，他们尝试了各种各样的分离蛋白，包括大豆、豌豆和乳清等。非常规蛋白质的接受度如此之高，以至于谢富弘禁不住笑着说："原本还可以试一试昆虫蛋白的。"昆虫蛋白，我没有在汉堡肉饼中见过，但它们已经出现在原始人饮食能量棒中了。

　　APV 贝克是一台大而笨重的钢铁设备，看上去介乎于一辆拖拉机和一台施乐大型复印机之间。原料被塞入挤出机小小的开口，在高压剪力和机筒中螺杆产生的热量的共同作用下烹制。由于压力释放和蒸汽效应，当原料最后被机器吐出来的时候，往往都会膨胀。你能够在油管上看到一些低画质的视频，人们站在梯子上把原料投进一台挤出机的顶端，而后在机器的另一端，产品像子弹般射出来。抖音上或许也有这样的视频，即便现在没有，很快也会出现。

为了养活世界人口，食品产业取代了自然。一头肉牛从出生到成为汉堡肉饼，需要大约 9 个月的时间。相比之下，一台挤出机将植物变成"鸡肉"，只要大约 1 分钟。"机器以一套连续动作搅拌、揉捏、烹制、冷却和成型（原料）。"赫夫告诉密苏里大学的校友杂志。2011 年，谢富弘和赫夫为他们的"鸡肉"工艺申请了专利。

当伊桑·布朗了解到这项专利，他设法取得了技术许可。2012 年，别样肉客在北加州的全食超市中推出了公司的首款产品：素鸡肉条。作为协议的一部分，布朗被要求在密苏里州的哥伦比亚建立一家制造厂。如今，这家工厂成为别样肉客众多生产仿肉的工厂之一。跟很多上市公司一样，别样肉客目前有许多麻烦要解决：它正在处理因为未支付发票而由一家前合同制造商提起的诉讼，还要应对一些关于商业秘密的流言蜚语；而这家总部位于加州埃尔塞贡多的公司也在一些试验菜单中撤回了其汉堡肉饼。

2020 年 1 月，麦当劳开始在加拿大的 24 家门店试验名为 PLT 的植物肉汉堡，汉堡中使用了别样肉客的一款肉饼，但 4 月的时候，这个快餐连锁品牌终止了试验，并且没有恢复这款产品的计划。麦当劳发布这一公告后的第二天，别样肉客的股价下跌了 7%。^① 蒂姆·霍顿斯（Tim Hortons），一家在北美拥有 4800 家门店的咖啡连锁品牌，在 2020 年 1 月之前撤掉了别样肉客的所有产品。公司发言人告诉路透社，原因是"这些产品不像我们预想的那样受顾客欢迎"。最后，别样肉客的第一款产品，用谢富弘的专利制造出来的素鸡肉条，已经下架，根据别样肉客的说法，这是因为跟其他仿肉相比，这款素鸡肉条"不能提供相同的植物肉体验"。但也有积极的消息，肯德基正在南加州的一些门店里小规模试验别样肉客的一款"炸鸡"。有传言说它很美味。

我跟德博拉·A. 科恩（Deborah A. Cohen）讨论过我们对于动物肉永不餍足的欲望。科恩是兰德公司（RAND）的一名资深科学家，也是《大型脂肪危机：肥胖流行背后的隐藏势力 —— 我们如何终止它》（*A Big Fat Crisis: The Hidden Forces Behind the Obesity Epidemic— and How We Can End It*）的作者。"关于饮食仍然有很多误区，"她说，"人们说他们需要吃肉只是出于习惯。美国人摄入的蛋白质已经超出了实际的需要，没有人存在蛋白质不足的问题。"她提到了非洲有些地方缺乏生存必需的蛋白质，我们谈论获取和需要的时候往往会忽略掉这些国家。在核实她所陈述的关于美国的情况时，我了解到，98% 的美国人摄入的蛋白质超过了每日推荐的量，而获取蛋白质却仍然是每个人最关心

---

① 根据其 PLT 试验得到的信息，麦当劳于 2020 年 11 月宣布，将在全球市场推出自己的植物肉汉堡产品线 McPLant。伊森·布朗很生气，并宣布别样肉客和这家快餐巨头合作生产植物肉汉堡。这里很难怀疑布朗说的话。麦当劳的前首席执行官唐纳德·汤普森（Donald Thompson）是别样肉客的董事会成员。——作者

的事。早在 1971 年，弗朗西斯·摩尔·拉佩的《一座小行星的饮食》中就写道："大部分美国人吃进去的蛋白质是他们身体需求量的两倍。"这个主题至今没有改变，也没有显示任何中止的迹象。

"植物含有的营养更丰富，"科恩继续说，"但这取决于它们被加工的程度。你也能吃到没有任何营养价值的水果、蔬菜和谷物。"一个例子就是膨化豌豆零食。相较于天然豌豆，一份膨化豌豆零食的热量是前者的 2 倍多，脂肪超出了 5 倍，而碳水化合物是 1.5 倍。一经加工，这种豌豆便丢失了大部分的维生素和植物化学物——这些成分很难逐一考查，但却能够提升健康水平。食品"需要保留它们的营养"，才能对我们的饮食有益。这也可以简单地理解为，我们的食品需要保留它们本来的样子。

同样的情况在全麦面包上也能看到。"全麦"指的是包含了一粒小麦的麸皮、胚芽和胚乳的小麦粉制品。通常而言，制作全麦面包是一项简单的工艺。把小麦磨成面粉，接着再烤成面包。然而，在全麦面包的工业化版本中——这也是在大部分超市里能买到的——麸皮、胚芽和胚乳作为加工原料分别从其他生产商购买，接着混合在一起发酵烘烤。科恩总结说："它们不再是几种原料，而是成了化学品。问题不在于加工，而在于精制和提纯。"无论我们称其为加工，还是称其为精制、提纯，都需要注意很多食品并不是像营销宣传所称的"更加健康"。它们在我们的工业化食物系统中搅来搅去，很多原始的营养成分因此丢失。许多公司吹嘘它们的产品有多么"健康"，但它们只为公司的利润负责，而不是顾客真正的健康。公司没有任何动力，去让产品更健康。

当世界转向豆类

当第二次见到涟漪的首席执行官亚当·劳里（Adam Lowry）的时候，我有一种似曾相识的感觉。劳里在做另一款非乳制品产品的报告，还是相同的会议室，位于曼哈顿一幢摩天大楼中，属于同一家华丽的公关公司。我们第一次碰面时，我试喝了涟漪用豌豆制成的植物奶。那天我想象的文章标题（最后变成了现实）有些滑稽：《你准备好喝豌豆奶了吗？》（"Are you prepared to drink pea milk?"）。感觉这玩意儿像是要列入我进防空洞前的购物清单，跟我厨房里的鲜藻机一起售卖。我个人的回答是"这款豌豆奶将会一炮走红"——尽管这么说有些陈词滥调。当2016年它在全食超市上架时，我去买了。而今天，我在超市看到它仍然会买。这款豌豆奶的蛋白质很不错，我尤其喜欢它浓稠的、奶油般的口感。

豌豆有一种健康的光环，我们会把它跟"纯净"的婴儿食品或被告知"多吃蔬菜"的孩子联系在一起。不过这是新鲜豌豆的形象，涟漪使用的豌豆是那种你会扔进印度扁豆菜或豌豆汤里的豆子。它们是紫花豌豆，是农民作物轮作的好帮手——能够固定土壤中的氮，并且耐旱，对人体也很有益处。食用它们会让我们更健康。一份豌豆（半杯的量）含有9克纤维，而纤维是大部分美国人饮食中缺乏的营养素。

没过多久，我就用涟漪的豌豆奶替换了日常乳制品，但我尝试的第二款产品——豌豆酸奶，却是一言难尽。在麦迪逊大街这幢豪华的办公大楼里，我坐在劳里的对面，听着他的推销演说。为了研发酸奶，涟漪雇用了一家调味工作室①——大多数食品公司通常都会这么做。在调味工作室的帮助下，涟漪推出了常见的大众口味——蓝莓、草莓和香草等。我兴致勃勃地把小塑料勺伸进每个样品里。原味是真正的考验，也是我的首选，因为它的添加糖更少。但我尝到的这款原味酸奶，是泥灰的颜色，质地稀薄，还有一股令人不悦的豆腥味。没有水果来掩盖，这种怪味真的谈不上讨人喜欢。在任何一项创造发明中使用豌豆，而不只是让它们在我们的盘子中滚来滚去，都是一个极具挑战性的难题，因为这需要对豌豆深加工。异味主要来自豌豆表皮的化合物，这些化合物也赋予了豌豆颜色。此外，异味还由酚酸类化合物产生，酚酸是植物分离蛋白中酸味、苦味以及涩味的来源。在会面的最后，我做出了决定：涟漪的豌豆酸奶注定不会进入我的冰箱。

在打造创业公司之外，劳里还是一位竞技帆船选手。他的第一家公司叫作方法（Method），这家公司的产品是有害清洁用品的翻版，只是换了配方，不含有毒化学品，如此一来我们就不需要将它们藏在柜台下面。2013 年，在劳里把公司卖给比利时的清洁用品公司宜珂（Ecover）时，方法的市值已经攀升到 1 亿美元。劳里和他的联合创始人尼尔·伦宁格（Neil Renninger）在技术会议和商业峰会上相识，这些会议伴随了一家成功公司的创立。伦宁格创建了阿米利斯公司（Amyris），之后将其出售，这是旧金山湾区的一家主攻新药研发的生物制药公司。

---

① 调味工作室（flavor house）负责为产品开发所需的风味特征。——译者

2014 年，当劳里和伦宁格在一起商讨他们希望革新的食品种类时，乳制品成了最佳选择。市面上已经有不少植物奶，并成了超市中异军突起的品类，但大部分产品的蛋白质含量都不足。涟漪面临的挑战其实很简单：把已知的东西（来自奶牛的奶）分解为关键的成分——维生素、矿物质和蛋白质，再将它们重组成一个对消费者更好的版本，同时不牺牲动物福利，也不带来环境负担。那时，消费者的认知已经开始转变，包装上显眼的蛋白质标识让涟漪的产品脱颖而出。2018 年，牛津大学的研究者亚历山德拉·塞克斯顿（Alexandra Sexton）在一篇题为《构建食品的未来》（"Framing the Future of Food"）的文章中写道："强调植物中蛋白质的存在，有助于转变一个根深蒂固的观点，即动物制品是蛋白质最佳或唯一的来源。"这篇文章讨论了替代蛋白质富有争议性的前景。

在涟漪，伦宁格是科学家，而劳里是商人，他们在食品原料层面进行了创新。"这真的是食品工业的里程碑。"在 2016 年伦宁格告诉我。仿肉生产者加工植物性材料来满足他们的特殊需求，与此类似，涟漪寻遍植物世界，希望找到一种普遍种植的植物，有高蛋白质含量，能够替代乳清蛋白——牛奶中两种关键的蛋白质之一。"我想整个行业都会同意，把重心放在原料上会有潜在的重大影响。"伦宁格说。在今天的食品行业中，原料是当仁不让的明星，吹捧它们的有益功能也会为其增光添彩。

瞄准豆类，涟漪团队尝试了各种各样的豆子，包括小扁豆、大豆、白腰豆、菜豆和绿豆等。"我们对它们试验了相同的工艺，一些确实表现得更好。"伦宁格说。最后团队选择了豌豆，因为这是一种便宜的作物，而且豌豆有现成的供应链。

2019 年末，我又跟劳里见了一次，问了他关于酸奶的问题。他开玩笑说，我尝到的那款酸奶总共只有 1.5 个粉丝。"我们把这个产品搞砸了。"他说，失败之处在于产品沙砾一般的质地，他将问题归结于他们专有的豌豆混合蛋白。"我们不满意，但也没有再继续了。"涟漪的总部在加州伯克利，地处此前金字塔啤酒厂的位置。我们坐在一个餐厅样式的房间中，透过桌子旁巨大的落地窗，能看到啤酒厂过去的实验室，我注意到那里很安静，劳里说因为今天是周五。

涟漪自认为与众不同，它们声称制造出了最纯净的豌豆蛋白，味道也最干净。我之前尝过真菌科技的一款豌豆奶，这家公司也声称自己创造出了味道更好的豌豆蛋白。在我看来，两者大同小异。它们尝起来仍然都像豌豆。当初创公司进入植物性食品领域并寻找资金时，它们需要一个理由来获得投资。于是，创始人告诉投资者：他们有独一无二的技术[①]或他们有最干净、最纯净、最好的味道。首先，这是一场夺取投资者资金的恶战；随后，这又会变成收割消费者腰包的另一场激斗。

人们会认为，创造出最干净的、豆腥味最小的蛋白质将显得极其有价值。我好几次问劳里，他是否考虑过将涟漪的分离蛋白卖给其他公司，而他总是给出否定答案。我猜想主要的原因是这项技术就像他们的"Intel inside"平台。如果他们愿意，可以许可这项技术，但直到目前还没有。不可能食品也没有出售他们

[①] 大多数投资者告诉我，他们寻找具有独特技术（不是美味）的公司，这是其投资的主要要求之一。——作者

的血红素。这些都是使品牌与众不同和笼络消费者的策略。劳里说他仍然在努力降低涟漪豌豆奶的价格，这说明他们还没有能力让蛋白质的价格便宜到其他食品生产商也能够承受。

采访后，劳里带我去了员工厨房，让我尝了他们最新的酸奶。这些酸奶仍然是泥灰的颜色，这种颜色似乎与豌豆蛋白不离不弃。酸奶味道尝起来有些改善，但并没有脱胎换骨。到 2020年，我也没有在很多超市中见到这款酸奶。劳里在邮件中解释是因为受疫情影响，以及超市在产品上新方面受到了限制。涟漪还推出了冰激凌，这似乎更容易受到青睐，至少对我来说是这样，但我同样也没能找到这款产品。

如果我饮食中的蛋白质，仅仅来源于加工的分离蛋白或浓缩蛋白，我会缺失关键营养素吗？为了更好地解决这个难题，我向迈克尔·格雷格（Michael Greger）求助，格雷格是一名临床医生，也是《如何不死》（*How Not to Die*）和《如何不节食》（*How Not to Diet*）两本书的作者。书的名字听起来有点儿吓人，但格雷格有一套自己的方式让这些话题不那么具有威胁性。当我在 2018 年曼哈顿的世界植物性食品博览会（Plant-Based World Expo）上见到他时，他正在展台上快速地来回踱步，黑色西装松松垮垮地套在干瘦的身躯上。在他身后的屏幕上，展示着极具震撼性的视觉效果，他在话语之中投入的激情让人很难抗拒。他告诉我："食品是一场零和游戏。当我们把某样东西放进嘴里的时候，也就失去了放进其他东西的机会。"我大笑，接着问他分离蛋白是否对我有好处，或是至少优于肉类。

"从营养学（角度）来看，这没有任何意义。就像分离的脂肪是糟糕的，分离的碳水化合物是糟糕的，提纯的蛋白质也是糟糕的。糟糕意味着你剥离了宏量营养素，这样一来你就移除了全部的营养。"同样地，当我们分离某样食物时，我们会丢失食物中的纤维等营养成分，格雷格还指出了另外一些从天然食物中丢失的成分，"那是一些尚未命名的植物化学物，它们还没有被写入标签"。植物化学物是天然食品中（可能）有疾病预防作用的营养素。据格雷格的网站 NutritionFacts.org 显示，天然的水果和蔬菜中含有超过 10 万种不同的营养素，这是你在新型食品公司那些被分离成各种成分的植物中找不到的。"当你吃豆类时，它们具有你需要的动物蛋白含有的东西，并且没有那些不好的成分。"他告诉我。不好的成分包括了饱和脂肪酸、添加剂和化学品。

一旦被加工成为单一的蛋白质，豆类就不再存在，也失去了很多的益处。如果你吃下了整颗豌豆，你能摄入类胡萝卜素、叶黄素和玉米黄素等植物化学物，这些营养素据称能够保护视力，改善眼部健康。不论是汉堡肉饼中的豌豆蛋白，还是一片药，"就食物而言，完整的食物通常要比其组成部分加在一起更棒"。不过，作为一名推广植物性饮食的临床医生，格雷格还是很高兴地将这些新型食品看作转向植物的第一步——哪怕它就是一杯由豌豆分离蛋白制作的奶。

当今的"It"原料

若不是因为美式饮食的反复无常，以及我们对大豆时断时续的爱，豌豆本该一事无成。大豆有自身的优点。它廉价、高产、容易种植。就像豌豆一样，它能够固定土壤中的氮，一种天然肥料，这使轮作简单易行。大豆被用来饲养牲畜，后者又养活了我们。对人类而言，大豆包含了人体正常运转所需的 9 种必需氨基酸。实际上，人体会合成氨基酸，但不包括支持人体正常功能的必需氨基酸；人体也无法储存过多的氨基酸，这意味着我们需要每日从食物中摄入。因此，大豆是几乎所有超市货架上的植物性食品的支柱。

我们的营养需求究竟该由动物蛋白还是植物蛋白来满足？在这场激烈的论战中，氨基酸处于核心位置。斯坦福大学预防医学研究中心的营养学家克里斯托弗·加德纳（Christopher Gardner）对这个问题有着清晰的思路。加德纳的兴趣，让他有机会在美国国立卫生研究院（NIH）的资助下从事多项营养学研究。最近，他的关注点放在了他所谓的"隐性营养"上，具体而言，这是指公共卫生专家采用非健康相关策略来改善人类健康状况的方法。其中一个案例，是将大学食堂里无处不在的托盘撤走——这样一个小小的改变，就能促使学生们少吃一些。我第一次见到加德纳是在纽约州海德帕克的美国烹饪学院（Culinary Institute of America）举办的一次会议上。加德纳非常平易近人，身上散发着一种自在的加州气质——他穿着一双勃肯凉鞋，涂过指甲油的脚指头从鞋尖露出来。我们谈论了他的研究。2019 年，在联合署名发表的一项蛋白质研究中，他写道，人们日常一天中吃下的各类常见食品，就包含足量的必需氨基酸和非必需氨基酸，几乎可以不用考虑动物性食品。加德纳向我保证，这种单一的植物性饮食，在大部分层面上比动物性饮食要优越。"动物性食品不含纤维，植物性食品大体上没有饱和脂肪。因此，选择植物性食品而不是动物性食品，好处更多。"

我们对个体需求有着越来越清醒的意识。许多人选择钻研帮自己实现雄心和欲望（增肌、减脂和提高免疫力等）所必需的营养成分。相应地，如今的生产商迅速地调整产品配方，来适应各种特殊的饮食法。随着我们的饮食目标进一步差异化，生产商源源不断地粗制滥造流行的零食，以满足 Whole30 饮食法、生酮饮食法、原始人饮食法[①]、低发酵性碳水化合物饮食法[②]、穴居人饮食法、血型饮食法和一日一餐饮食法等的需要。想要一种季节性的益生菌吗？你可以买到。想要根据自身的微生物菌群来进食吗？你当然能做到！只要把你的粪便寄出去化验，你就能依据自己粪便的成分吃饭。

大豆因其廉价又丰产而得到广泛应用。但它也有很多缺点。大豆中一些蛋白质使其成为八大过敏原食物之一。作为一种作物，现在种植的主要是转基因大豆。它长期被指责致癌，但这个观点已被大量的临床研究驳斥，许多研究指出食用大豆和大豆制品——像是豆腐——实际上非常健康。总之，因为我们在食品加工、消化和族群等方面有着显著的个体差异，要对大豆做出一

---

① 原始人饮食法要求：饮食中所有的原料都是旧石器时代就已经出现的，不经过任何的化学加工。限制一万年前农耕时期以来开始流行的食物，包括乳制品、豆类和谷物。——译者

② 低发酵性碳水化合物饮食法：是指限制摄入小肠不易吸收的一些短链碳水化合物（FODMAP），包含发酵性寡糖、单糖、二糖和多元醇。目前一些研究证明限制 FODMAP 的摄入可以改善肠易激综合征（IBS）和其他功能性胃肠疾病（FGID）的症状，包括腹痛、腹胀、腹泻和便秘。——译者

个综合性的总结还极其困难。也因为这个，如今的市场时不时就将大豆抛弃，以寻求更好、更新和更诱人的蛋白质。豌豆站在了聚光灯下，一部分原因是绝大多数观点认为它不会引发过敏[①]，此外，豌豆也不是转基因作物。不过，还有其他竞争者等着抢豌豆的风头，包括绿豆、蚕豆和油菜籽。

　　我在这里谈论的豌豆，不是指完整的豆子，而是特指从这种豆类中提取的蛋白质。食品标签上它可能以"豌豆分离蛋白、豌豆浓缩蛋白、豌豆粉或豌豆蛋白"这些名称出现。决定蛋白质能否成为分离物的，是它的纯度。当蛋白质纯度超过90%时，才能被标记为分离物。在70%的纯度时，它只是浓缩物。"豌豆分离蛋白"不是一个你能脱口而出的简单短语。它也不应该是。分离物需要大量的加工过程才能得到。

　　种植豌豆，成熟、晒干后采摘，再运送到加工厂，在那里豌豆中的各类分子会被分离成蛋白质、纤维和淀粉。这项工序在干湿两种状态下都能进行，称为分提。加工设施大部分都设在中国，但是豌豆作物大多来自北美。中国人留下淀粉，他们把淀粉做成粉条，蛋白质则被运回美国。将一颗豌豆转化为三种货品，让这些成分具备了高得多的价值。比起完整的豆荚，豌豆蛋白粉更容易制成其他食品。但不利的一面是，在美国和中国之间来回运输豌豆，会增加碳足迹，并产生一条受关税和疫情影响的全球化供应链。真菌科技的艾伦·哈恩告诉我，尽管有关税，从中国购买原料仍然会比在美国买更便宜。当新冠疫情暴发，几周时间

① 但是豌豆也属于豆科植物，像大豆、绿豆和蚕豆一样。这意味着它跟花生联系紧密。尽管如此，很少有研究调查豌豆对人的致敏性。——作者

内供应就放缓了，但哈恩谈到他的中国伙伴时只有好话。"他们对我们真的很好。他们给我们寄来了几箱口罩。"

在涟漪，这项工序却留在了美国完成。从磨碎北美种植的干豌豆开始，浸泡豌豆粉让其溶解，通过调节温度、盐度和 pH 值，析出蛋白质。接着，将味道、颜色和碳水化合物的分子分离，从液体中回收蛋白质。为了回收蛋白质，涟漪使用了一台离心机——这种机器的旋转内核能够分离液体与固体——来旋转混合物。一旦蛋白质浓缩物与脂肪、纤维和淀粉分离，剩下的湿的糊状物就被制成植物奶。"从开始到结束，需要大约两个小时。"伦宁格说。

与涟漪的两小时工序相对照的，是一头奶牛的产奶过程。在 24 小时里，一头牛能够生产 6—7 加仑[①]的牛奶，但如果没有人工干预，奶水就不会从牛的乳房中持续涌出。为了产奶，奶牛每年都必须怀孕。为此，奶牛会被人工授精以保证奶汁不间断流淌。我们工业化地供应牛奶，对奶牛人工授精保证生产，这种情况的持续是因为乳制品行业倡导者已经努力了几十年让牛奶变成人类生存的主要食物之一。人类喝母乳的习惯是被编进基因中的，母乳中脂肪和碳水化合物含量高，但蛋白质含量却很低。

牛奶同样是一种加工过的奶。奶牛吃什么、在哪里饲养、怎么过冬、畜栏是否干净——都会影响最终的产品。牛奶被挤出后，就会被冷藏，接着通过加热进行巴氏杀菌。加工过程在牧场和乳制品厂进行，就跟在实验室里进行的一样。这里的问题

---

① 1 加仑 ≈ 4.55 升。

是：一种健康的饮食中如果包括了牛奶、杏仁奶、燕麦奶或豌豆分离蛋白，是否会更好？

将植物用作食品原料不是什么新鲜事——没有面包哪有三明治？不过，在几十年的单一耕作之后，今天的食品生产商最终把目光投向了现代的主要食物之外，开始在植物世界不断扩大的数据库中搜索。在391 000个植物物种之中，可食用的数量大概在7000～30 000之间。在这样的背景下，农学家告诉我们，尽管人类尝试过3000种植物，但成为主要食物的不到200种。

皆食得（Eat Just）是一家位于旧金山的公司，致力于让更多植物在成分层面为人所知。不少人听说过这家公司的名字，是因为它的一些法律问题［公司将它的植物性蛋黄酱命名为"皆食得蛋黄酱"（Just Mayo），可能误导消费者认为这款产品是用真正的鸡蛋制造出来的］，以及一些生意上的问题（公司回购产品以提升销售数据），而不是它对植物的了解。

皆食得宣称，为了发现新的蛋白质，他们已经分析了来自70多个国家的数千种植物标本。当你想象有这么一个图书馆，能进去浏览、找寻园艺创意的时候，要记住这家公司发现的任何内容都受到了知识产权的精心保护。皆食得的知识产权——到目前为止它持有超过55项专利（一些专利已经被购买）——帮助其募集到了超过2.2亿美元，还在投资者中保有了10亿美元的估值。食品制造商的潜力是无穷无尽的。如果你能率先将一种新的成分商业化，那么未来在华尔街的成功几乎就是板上钉钉的事。这是自然本身的商品化。

为了生产耐储的蛋黄酱，皆食得的科学家测试了1000多种配方，以获取在起泡、胶化、保湿方面性能最佳的蛋白质。尽管做了这些试验，他们最终找到的植物，却是已经广为人知且广泛使用的油菜籽。公司还使用了绿豆分离蛋白来制造一种液体鸡蛋，这将是他们下一款上市的产品。跟豌豆一样，绿豆也属于豆科植物。公司用了 4 年时间来优化配方，最终让产品进入市场。如今这款产品在美国已经获得了消费者的认可，接下来，它们将进军亚洲市场，包括中国和韩国。

美国政府同样也在努力拓展我们对植物的认识。作为荚果作物健康激励（PCHI）多年计划的一部分，美国农业部资助了许多研究，以帮助加深我们对豆类的了解。荚果，指代的是干豆子而不是新鲜豆子，包括了大部分（而非全部）豆科植物。丽贝卡·麦吉（Rebecca McGee）是美国农业部农业研究局的一名植物育种员，她获得了 PCHI 的一笔拨款，用以普及豌豆的知识。麦吉身上有一种我称之为植物育种员式的幽默——不动声色却又辛辣尖锐，但仅是在涉及植物的时候才会表现出来。"我总是会告诉人们，我作为一个植物育种员的主要目标是利润。如果其他育种员说他们的目标有所不同，那他们是在撒谎。"她说。

据麦吉介绍，干豌豆平均含有 22% 的蛋白质。但是"不同遗传变异的植株之间，蛋白质含量有着显著差异"。麦吉目前的任务是找到豌豆中蛋白质含量波动的遗传性质。PCHI 资助了麦吉的研究项目，项目有一个相当可爱的名字，MP3——它的目标是获得更多豌豆（more peas）、更多蛋白质（more protein）以及更多利润（more profit）。

　　"我们满世界寻找黄色豌豆。"麦吉说。她预计要"观察500种黄色豌豆品系"。最近，麦吉跟来自世界各地的一组科学家合作，对豌豆的整个基因组进行了测序。"豌豆基因组很庞大"，是人类基因组的1.4倍（有45亿碱基对——碱基对是DNA分子的一个长度单位——人类大概有32亿碱基对）。但"里面充满了垃圾"，因为高度重复的序列太多。

　　在电话中，我忍不住问她："为什么吃豆子让我那么容易胀气？"她说是因为豆类中含有低分子量糖。"呃，那是什么？"从字面意思来看，它意味着小。"我们科学家总是喜欢把事情弄复杂。"她笑着说。我想要知道更多，但是又不想占用电话交流最后几分钟的时间，于是我在工具书《食品：事实和原理》（*Foods: Facts and Principles*）中查阅了豆类的相关内容。

　　豆类让人产生腹胀的感觉是由于它们含有寡糖，这些属于棉籽糖类的糖分"在造成胃肠胀气方面臭名昭著"。因为人体缺少消化寡糖所需的一种关键酶（α-半乳糖苷酶），当我们吃下豆类，这些糖分会逃脱消化过程。寡糖不能被人体吸收，相反，它们能被我们结肠中的微生物群消化分解。因此，豆类爱好者会产生大量的二氧化碳、氢气以及少量的甲烷。

　　"豆子是纤维和矿物质最集中的食物来源，"格雷格告诉我，"只有在未经加工的食物中，纤维才大量地存在。"不仅如此，豆类同样有益于土壤。2016年，欧洲的一项研究调查了将豆类引入作物轮作的好处，研究者们发现，多样化的作物种植使得氧化亚氮的排放量减少了20%—30%，化肥使用量减少了25%—40%。更重要的是，研究还显示"积极的环境影响并不意味着毛利率的下降"。种植多样化的作物，或许是我们为减缓气候变化所能做的最重要的事情。豌豆、绿豆、鹰嘴豆，以及其他我们还未广泛试验过的无名豆科植物，能够帮助我们恢复土壤、改善饮食。不像一些豪华的科技初创公司拥有成百上千万美元资金，这种基础的农业解决方案，意味着我们不必在健康和环境之间做出选择。

位于加州伯克利的顶峰食品（Climax Foods），把目光投向大豆和豌豆之外，公司的创始人是奥利弗·扎恩（Oliver Zahn），一位曾经在太空探索技术公司和谷歌工作的天体物理学家。顶峰在一轮"超额认购种子轮"融资中，募集到了 750 万美元，但除了扎恩的个人简历，以及他对投资者们的承诺——会用一套非传统的解决方案来改进他所谓的"次优食品"，公司几乎没有向外界展示什么。在新冠疫情期间，我跟扎恩通了电话，当时我们都安全地待在各自家中。扎恩跟我保证说，用植物制品组装动物制品的方法非常多，除非使用预测模型和数据筛选算法，否则没有办法处理。"植物制品对环境更友好，吃起来也更安全。"他说。考虑到新冠病毒可能是从野生动物传播到人类的，你很难提出异议。甚至植物性食品的保质期也比其他食品的更长，这意味着你需要去超市的频率更少，这对购物者、超市员工和易感染人群都更有好处。

2019 年，当我走在美国西博会展厅的过道中，我发现食品口味上的创新，多于原料的多样化。除了霹雳果①，几乎没有什么让我激动的。初创公司面临的两难困境是，最初它们推出的产

---

① 菲律宾橄榄，俗称霹雳果（pili nut），产自菲律宾的一种坚果，为橄榄科橄榄属的一个种。——译者

品中可能会使用鲜为人知的原料，但当它们尝试规模化生产以达到大众消费的水平时，就会出现亏损。基于这一点，便宜和易得成了唯一的选择。这就解释了为什么真菌科技会到中国去买豌豆，以及为什么豌豆最终在涟漪的植物奶中胜出。然而，豌豆并不完美，尤其是在酸奶中！

当我们在食品包装袋上看见豌豆蛋白的宣传，往往会产生一种幻觉，以为我们知道那是什么。我们想象着一片葱葱郁郁、青翠欲滴的豌豆田。但这只是我们读到标签时在大脑中产生的幻想。工业化食品，或者说超加工食品，跟我们能在自家厨房制作的任何食物都大不相同，而我们买到的这些最终产品中，使用到的改造技术和处理手段如此之多，以至于我们对于食品想当然的简单认知，跟实际吃下去的根本不能匹配。"如果我们真的想要获得营养，就需要让饮食以全食为中心，"格雷格说，"对全球老年人群而言，豆类（大豆、豌豆、鹰嘴豆和小扁豆）的摄入量是其寿命最重要的饮食预测因子，每日多摄入 1 盎司豆类，过早死亡的风险就会降低 8%。"这里所谈到的，不是关于什么是最健康饮食的说教，而是关于平衡和知识。

奶和蛋

无牛之奶

　　我身上的每一个细胞都在抗拒着第四十二街，但是我要去的酒店不偏不倚就在时代广场中间。我走出地铁，冲进旋转门，迈入酒店大堂。坐自动扶梯到了二层，我置身于一个小迎宾区的中心。这里摆放着银质的咖啡壶，一盘盘削好的甜瓜，一碗碗酸奶配格兰诺拉麦片。人群中大多是男性，大部分是白人，他们像碰碰车一样在房间里走来走去。我在寻找一张熟悉的面孔。

　　这是未来食品技术大会（Future Food Tech）在纽约举办的第一场峰会，当时，这项活动还未像今天这样，对推广植物性和细胞培养食品影响重大。到 2019 年，它接待了上万名参会者，但在 2016 年，这儿只有 200 个人。

　　会议的议程严重偏向自然科学，在接下来的两天里，我希望自己能沉浸式地吸收所有的内容。此外，我想要打听关于一家叫哞自由（Muufri）的公司更多的信息，不论是因为这个傻里傻气的名字，还是出于对其使命的好奇。在食品技术领域，当几乎所有人都专注于如何仿制动物肉的时候，哞自由在重组牛奶。两位联合创始人瑞安·潘迪亚（Ryan Pandya）和佩鲁马尔·甘地（Perumal Gandhi）都是纯素食者，他们说最想念的食物是奶酪。

漫步在美国各地超市的乳制品通道中，你很有可能会看到一堆令人印象深刻的纯素奶酪。如果你居住在一家维格曼斯（Wegmans）超市附近，去那儿看看。根据好食品研究所和植物性食品协会（Plant Based Foods Association）2020 年发布的一项报告，就全美而言，东海岸的连锁超市在售的素食产品最多。总体来看，这些纯素奶酪的销售没有问题。添加香草的涂抹奶酪非常棒，而切片奶酪（有时）会融化。目前为止味道和质地匹配得最好的是奶油奶酪，但还没有软而黏的水洗奶酪，像是卡芒贝尔奶酪或布里奶酪①；也没有能像马苏里拉奶酪那样在烤箱里很容易就融化的软质奶酪，马苏里拉是美国消费得最多的奶酪品种。

在会场上，这对纯素食者很容易就被我找到了。他们穿着宽松的牛仔裤和休闲衬衫，看上去比其他人都要年轻。甘地还背着瑞士军刀双肩包。我跟他们之前没有私下见过，因此走过去自我介绍了一番。我们简短地交谈了一会儿后，潘迪亚的大拇指指了指那个双肩包："我们有样品。别告诉其他人。"我瞪大眼睛。"太好了！我能尝尝吗？"俩人环视了一下四周，示意我跟着他们。我们穿过一条长廊，朝偏离主会场的方向走去。

潘迪亚拉开双肩包的拉链，拿出一个装有黄白色液体的玻璃瓶。甘地偷偷摸摸地回头看了看，解释说他们没有足够的量分

---

① 是法国两种极具代表性的水洗软质奶酪，卡芒贝尔的味道更浓烈一些。水洗奶酪在成熟期间需要频繁使用浓盐水清洗表面，从而使其产生一种特殊气味。——译者

享给在场的每个人。瓶子只有一半满，他往一个塑料杯子里倒出少量。我小心翼翼地把液体倒进嘴里，并不想一口灌下去。第一反应是它太稀了——或许含水过多。第二反应，太甜。我又呷了一口。我不能确定它是打算用来模仿全脂奶还是脱脂奶——我从小到大喝的。脱脂奶也很稀，味道偏淡，我从来没有喜欢过。我的表情一定泄露了我的想法。"我们还在改进。"他俩说，接着把瓶子藏回双肩包里，随后我们又重新回到了人群中。

这之前两年（2014 年），仅仅凭借着初步的想法——用微生物发酵的方式制造乳蛋白——潘迪亚和甘地申请了一个位于爱尔兰科克的合成生物学加速器。他们最终被接受，并得到了 3 万美元、研究空间和导师指导来让他们的想法落地。潘迪亚的妈妈一开始听到这个消息时，告诉儿子在给陌生人钱的时候要千万小心。而当她弄清楚这事实际上是反过来的时候，惊喜地大笑起来。

最后，这个叫独立生物的技术加速器，变成了旧金山湾区促进合成生物学创新的卓越网络。在接下来的 3 年中，我跟潘迪亚和甘地保持着联系。每一次他们筹集到了更多的钱，都会给我发一封邮件，也许是希望我能写成一个故事。渐渐地，两人身上的后学院邋遢范被打磨成了一种更庄重的气质。在 2016 年，他们扔掉了最后一点调皮古怪，那就是公司的名字。"哞自由"（"moo-free"，明白了吗？）变成了完美日（Perfect Day），这个名字是另外一对科学家的研究间接启发的——这对科学家想要追踪奶牛听音乐时的快乐程度。据这两个创始人说，卢·里德（Lou Reed）——写了一首名为《完美的一天》的歌曲——是奶牛中的快乐炸弹。

微生物发酵的历史

　　因为有像我这样的人，本书中很多的未来食品才被创造了出来。更确切地说，是因为科学家成功地分离了人胰岛素，而像我这样患有 1 型糖尿病的人需要购买它。

　　1889 年，一对德国研究者发现了胰岛素，他们在狗身上做了一些不寻常（很多人会说不道德）的实验——他们去除了菲多的胰腺，接着这条狗表现出了类似糖尿病的症状。而当他们将胰液重新注入狗的体内，症状就缓解了。当时的理论认为，这种能够救命的蛋白质存在于胰腺深处的一个特殊细胞团中。这个细胞团最终以发现者的名字命名——朗格汉斯岛（胰岛），而不是去除狗胰腺的德国人。由于胰岛素发现于朗格汉斯岛中（青少年时期我总是把朗格汉斯叫作朗格号，就像它们是来自得克萨斯州的乐器），研究者最终确定用 insula 这个拉丁词（意为岛屿）来表示含有这种救命成分的"小岛"。

　　1922 年，加拿大外科医生弗雷德里克·班廷（Frederick Banting），第一次在人类身上试验了胰岛素。试验生效了。第二年，礼来公司开始大规模生产胰岛素，他们不是从狗，而是从死掉的猪和牛中获取胰岛素。这种生产方式可行，但是产品往往供不应求，效果也因人而异。1983 年，12 岁的我被诊断患有 1 型糖尿病。当我给一个橙子注射了胰岛素，成功地演示我能够使用注射器后，护士给了我属于自己的瓶子，并让我带回家。这个小玻璃瓶叫作优泌林（Humulin），在瓶子的一角印着手写体的"礼来"字样，这个名字我将谙熟于心。瓶子上"胰岛素"这个词下面还写着"重组 DNA 来源"。

1982 年，我确诊的前一年，FDA 批准优泌林上市，成为美国第一种获得许可的重组蛋白药物。这项技术由基因泰克公司发明，礼来公司获得了其专利，它使科学家可以将人类基因中编码胰岛素蛋白质的片段注入一个普通细菌中（例如大肠杆菌），把后者变成一个临时的宿主。在合适的情况下，这个细菌就能够产生生物相似的人胰岛素。宿主（大肠杆菌）和胰岛素（蛋白质）经过纯化分离，用这种方式得到的胰岛素甚至比从活体人类胰腺中直接取得的更加纯净。

在食品工业中，这项通过调整基因来生成所需产品的技术，被简称为"微生物发酵"。我们很容易就能在食品中找到应用这项技术的案例。生产奶酪需要一种原料凝乳酶，用来使牛奶凝块。在传统奶酪中，例如在欧洲制作的那些美味却难闻的品种，制作者使用的凝乳酶来自牛犊的胃黏膜。但是，就像从猪或牛中获得胰岛素一样，从牛犊的胃里获得凝乳酶远非最优选择，并且这种提取方式的成本也越来越高。此外，素食者正在成为一个越来越大的消费群体，他们也希望有能吃的奶酪可以选择。

当食品工业希望找到在实验室制造凝乳酶的方法时，研究者们将重组人胰岛素作为制造人类所需（甚至渴望）的蛋白质的完美典范。我们"想要"的和我们"需要"的，是食品技术中至关重要的命题。我们需要的是营养的基础成分——蛋白质、氨基酸、葡萄糖，等等。但是我们想要的，往往被包裹在一个皱巴巴的塑料袋里，里面装满了空有热量[①]，对我们的生存作用甚微。

　　总部在纽约的辉瑞公司研究过利用 DNA 重组技术生产凝乳酶。1990 年，经过 28 个月的审查，FDA 终于确定这种被称为 rennin 的转基因酶对公众没有安全风险，能够在乳制品中使用。这个里程碑式的决定向其他食品敞开了大门——成熟得更快的西红柿，不会变色的苹果——直到今天，食品技术初创公司正在起劲地创造乳蛋白、蛋清蛋白，没错，还有不可能汉堡。

无鸡之蛋

　　就像乳蛋白一样，鸡蛋蛋白质正在被复制。2014 年 11 月，阿图罗·埃利桑多（Arturo Elizondo）参加了他的第一次食品会议。这个为期半天的会议在凯泽永久医疗集团（Kaiser Permanente）的加菲尔德创新中心举行，那里地处加州的圣莱安德罗。虽然离硅谷不远，但圣莱安德罗几乎不被任何科技从业者关注。会议规模很小，只有五六十人参加。皆食得的创始人（那时公司还叫汉普顿溪）乔希·蒂特里克（Josh Tetrick），邀请埃利桑多参加会议，但在最后关头，蒂特里克因为更紧急的事情而没有到会。那一周，汉普顿溪遭到联合利华起诉，称其在皆食得蛋黄酱

---

① 人类营养中，空有热量（empty calorie）是仅由糖、油脂或酒精组成的食品提供的能量。——译者

中违规使用了"蛋黄酱"（mayo）这个词。[①]埃利桑多环视四周，想要找个地方坐下。与会者大多来自政府机构、非营利组织和本地企业。"我走到唯一一张有年轻人的桌子边，抽出一把椅子坐下，"他说，"食品技术在那时还没多少吸引力。"

这张"小孩桌"边跟埃利桑多坐在一起的，还有新收获（New Harvest）的执行董事伊莎·达塔尔（Isha Datar），新收获是一家致力于推广细胞农业的研究机构；完美日的创始人潘迪亚和甘地；农场食品配送服务商好鸡蛋（Good Eggs）的联合创始人罗伯·斯皮罗（Rob Spiro）。"我们谈论了食品中的技术，包括使用合成材料以及这些技术的现状，"埃利桑多说，"我告诉他们为什么人们不愿意从农夫集市购买所有的食品，因为那样不切实际，而且价格昂贵——就像消费者仅仅是旧金山的人一样。"对埃利桑多（一名纯素食者）而言，畜牧业是整个食品工业中的"资源消耗大户"。

伊莎·达塔尔在合成生物领域小有名气。她 2010 年的论文《体外肉类生产系统的可能性》（"Possibilities for an In Vitro Meat Production System"），被很多人视作实验室培养肉技术发展的转折点。埃利桑多知道达塔尔，因为他自己的一篇关于为什么中国应该投资细胞培养肉的政策论文就引用了她的文章。虽然达塔尔也吃动物肉，但是她依然投身于细胞农业的推广中，希

---

① 联合利华称蛋黄酱的配方中必须含有鸡蛋，而皆食得蛋黄酱的成分中没有鸡蛋，却在商标上使用了"蛋黄酱"，事实上对公众撒了谎。联合利华公司最后不仅输了官司，还因其铁腕手段，引起了公众的强烈抗议。——作者

望以此创造出一个更优的食物系统。2013 年，她加入新收获担任执行董事，2016 年，新收获在马萨诸塞州的剑桥举办了年会。不少初创公司将自己的存在归功于那场会议以及达塔尔的引荐。我问她是否自认为是个穿针引线的人。"可能吧，"她说，"我感觉自己是个天生的沟通者。"作为克拉拉食品（Clara Foods）和完美日的联合创始人，达塔尔也负责其他几家即将成立的初创公司。

会议中坐在达塔尔旁边的，是细胞生物学家大卫·安谢尔（David Anchel），那天他分享了一个关于生产无鸡之蛋的想法，当时听上去就像是天方夜谭。会议结束后，这伙人拼了车去吃晚饭。仅仅几周过后，埃利桑多、安谢尔和达塔尔就创建了克拉拉食品。公司的目标是用合成生物技术生产蛋清蛋白。对这些 20 多岁的人来说，蛋清蛋白——被认为是最清洁的和功能性无与伦比的蛋白质——是留待破解的终极成分。而那时，合成鸡蛋尚属无人之地。

萨拉·马索尼（Sarah Masoni）告诉我，鸡蛋是一种单一原料。不像番茄酱含有多种成分，鸡蛋不需要任何帮手——黏合剂、增稠剂或胶凝剂。马索尼是位于波特兰的俄勒冈州立大学的食品创新中心产品与过程组主任，她曾帮助大量本行业的产品打入美国市场，在其领域中无人能及。如何让包装食品在规模化生产的同时保持美味，这方面她也是专家。我们在纽约相识，那会儿我俩都被选为一年一度的特色食品展览会（Fancy Food Show）的评委。"如果你替换掉蛋清，食品尝起来就会寡淡无味，"她说，"这不是不可以，但是跟用鸡蛋制作的相比是天壤之别。"

蛋清是不可替代的蛋白质来源，它低脂、高蛋白，不含胆固醇。

2015 年，围绕"无鸡之蛋"的想法，克拉拉起草了一份 PPT 讲稿，并向独立生物提出了申请。他们曾短暂地称其为新收获鸡蛋计划。被接受后，他们深入探索了如何用科学方法来解答这个古老的问题：先有鸡还是先有蛋？"与其先养一整只鸡，等待它下蛋，最后只取出蛋清，为什么不直接获取蛋清而避开这一套复杂烦琐的流程呢？"埃利桑多问。

区别于大多数技术公司创始人，埃利桑多的专长是政策。他从哈佛大学毕业并取得政府学学位，曾在美国农业部短暂工作过一段时间，接着成为美国最高法院大法官索尼娅·索托玛约尔（她患有 1 型糖尿病）的实习生。跟大部分硅谷创始人不同，埃利桑多来自得克萨斯，通常西装革履。他以一种投资者所特有的能言善道，口若悬河地讲述了在实验室而不是农场制造蛋清蛋白的原因："实验室造出的鸡蛋不含沙门氏菌，不易引起过敏，碳足迹更低，是可持续的、合乎道德的（产品），并且，因为如今蛋清如此之贵，这就更彰显了它的价值。"

不可替代的鸡蛋

埃利桑多说得没错。如今在美国，鸡蛋产业的商业价值达到了 80 亿美元。由于新冠疫情，各州都发布了就地庇护令，居民对鸡蛋的需求急剧增加，鸡蛋价格也一路飙涨。疫情暴发初期，鸡蛋的批发价格就翻了 3 倍多。仅 2020 年 4 月，美国的鸡蛋产量就超过了 91.3 亿枚。2019 年，美国的年人均鸡蛋消费量是 289.5 枚，即每人一年 24 打。而全球人口每年要吃掉超过 1 万亿枚鸡蛋。如果当前的消费趋势持续，未来 20 年间这个数字预计将会增长 50%。

鸡蛋虽然便宜，却是世界烹饪的奇迹之一。它能够起泡、搅打、黏合和胶凝。虽然鸡蛋的灵活性很强，使用它进行烘焙却是一门精细的科学。差之毫厘，谬以千里。因此即便价格翻倍，制造商仍然会使用鸡蛋。它们是不可替代的。

真的是这样吗？

鸡蛋蛋白质的生产 —— 连同完美日制造的乳蛋白 —— 跟凝乳酶和胰岛素的生产相差无几。简单说来，遗传密码被植入经过科学改造的"宿主"，再为"宿主"创造出合适的营养和生长条件，使其输出目标蛋白质。我把这个过程简化到不可思议（不可能食品也通过这种方式制造其汉堡肉饼中的血红素）。如今，任何"坏"家伙（鸡的蛋，牛的奶）都能够在实验室中复制，而与工业化的农业相比，许多人会认为这些合成物对环境更友好。

但是，等等。我们知道吃下这些新型食品的所有复杂结果吗？我们不知道。我们能摁暂停键，以便重新评估这个新的方向吗？为了造福世界，就不得不抛弃自然吗 —— 一个从太初之时演化而来的、精细的生态系统？这不是非此即彼 —— 天然或者合成的问题，但在拥抱另一种形式的工业化食品之前，我们得做到胸有成竹。

一颗鸡蛋中含有 80 种蛋白质。在食品加工中，鸡蛋的蛋白质主要用于保湿、增稠和强化结构，以此为目标，克拉拉在实验室中找出了最有价值的鸡蛋蛋白质种类。接着，他们要找到合适的酵母菌作为蛋白质的生产车间。兰詹·帕特奈克（Ranjan Patnaik）是克拉拉主管技术的副总裁，曾在杜邦公司工作数十年，于 2019 年加入克拉拉，他向我介绍了生产流程。当工作人员"酿造"了酵母菌后，给它喂食营养物（主要是糖和水），这些真菌就会分泌蛋白质，也就是最终产品，但接下来还有很多步骤。酵母菌沉淀到容器底部，纯净的汤状液体升到容器顶端。一组过滤装置将蛋白质捕获，浓缩的蛋白质经喷雾干燥变成粉状。最终它们被运送给食品制造商。这个过程中的环节肯定不止于此，但更多的细节，帕特奈克却避而不谈。

想象一下，假如通用磨坊能够重新调整配方，生产其最畅销的品食乐（Pillsbury）磅蛋糕。在基础的食谱中，一条磅蛋糕需要半打（6 个）鸡蛋，这款湿润绵密的美味蛋糕还没有纯素食者也能享用的版本。无论是为了获得肉，还是蛋，我们对鸡都有着异乎寻常的巨大依赖。合成鸡蛋蛋白质还能在其他方面发挥效力，例如给予灾难应急队支持，以及用在那些缺少冷藏设备的地区。

在我第一次采访这些创始人的 4 年后 —— 安谢尔在 2017 年离开了克拉拉 —— 我和埃利桑多在未来食品技术大会中又坐到了一起，会议在旧金山的市中心举行。那是 2019 年 3 月 22 日。我们在一个专门为投资者和创始人碰头而准备的房间里见面。既不是投资者也不是创始人的我，带着午餐 —— 一大盘土培绿叶沙拉和在古老的太阳下烤出来的蔬菜 —— 溜进房间，找到了一张桌子。埃利桑多坐在我对面，他从公文包里拿出一个小玻璃瓶。这瓶低调纯净的液体是 4 年辛勤工作的具体成果。

"这里面的物质相当于 20 克蛋白质。"他说，递给我这瓶可能价值数百万美元的东西：液体鸡蛋蛋白质，但没有母鸡的参与。它的名字叫作 CP280。"味道怎么样？"我问。"没味儿。你可以放到沙拉上，或者茶、咖啡和汽水里。"他没有给我样品让我尝试一下，不过啜一口鸡蛋蛋白质听上去也不怎么能让人产生胃口，但他说的话我欣然接受。我本来也没打算在我的咖啡里加入这些纯净蛋白质，但自从含有 MCT[①] 的防弹咖啡被发明出来，像纯净蛋白质这样的东西似乎正在成为主流。

埃利桑多自信地宣称，他的团队最终做到了。"我们将推出世界上最易溶的蛋白质。"在创建公司仅仅 5 年后，埃利桑多如今跟食品配方行业龙头、资产达数十亿美元的宜瑞安公司（Ingredion）建立了合作关系，雇员也超过了 40 人。克拉拉正步上正轨。他们接下来要做的，是让生产规模化，而不仅仅是我手中的一小瓶。

一年之后，疫情让我们进入封锁状态，埃利桑多却保持住了这股势头。"这是过去 5 年半以来我们表现最好的 6 个月。"他告诉我。食品巨头们一直在寻找方法与年轻一代保持联系，更不用提"他们需要我们这样的公司来变得更加可持续"。埃利桑多跟我分享了公司一系列即将发布的公告，其中包括了公司名字的变更：减法食品（Minus Foods）。这很聪明，我说。你很难抗拒这个名字后面的广告语，"鸡蛋减去鸡""所有的味道减去胆固

---

① 中链甘油三酯（MCT），是一种不同于人类通常摄入的长链甘油三酯（LCT）的脂肪。有研究指出，相比于 LCT，MCT 在血液中能更快地被吸收，在人体脂肪组织中沉积得更少。——作者

醇"，以及许多新型食品公司创始人的雄心壮志："我们致力于做出减去鸡蛋的麦满分。"

从零制造乳清蛋白和酪蛋白

对新型食品公司而言，获得监管审批与实现日常超市食品的成本平价一样至关重要。由于完美日的创造非同寻常——不是工艺，而是产品——在公司成立之初，这对创始人就开始跟相关政府机构沟通。"当法律制定的时候，FDA 确实不知道这是能够做到的。"潘迪亚告诉我。他是想说，法律条文使得他们的产品很难采用"奶"这个称谓，而取得监管许可的途径仍然不清楚。

"我们的想法在大公司里行不通。"潘迪亚说。原因很多。一个强大的畜牧业体系仍然存在，还有冷链——运送和保持牛奶低温的卡车——与其相辅相成。食品工业培育出了一群积极活跃的游说团体，付钱支持那些宣称牛奶对儿童的发育有必要的研究，还对广告活动投入资金。还记得"喝牛奶没？"这句广告语吗？尽管市场上存在着数不清的非乳制品选择，但在美国学校中，唯一能够提供给孩子的植物蛋白是大豆，因为大豆的营养最接近牛奶的——含有人体不能产生的 9 种氨基酸。潘迪亚说，这种"缺乏彻底改变牛奶等核心食物的远见"实际是一个盲点。当制定食品监管法规的时候，FDA 肯定没有预见到未来是如今这样；而食品巨头当然会想方设法排挤、投资或收购新型食品公司。潘迪亚希望他的公司能够足够灵活，保持领先。

不过，正因为这个行业缺乏远见，我们才会走到今天。市场研究公司英敏特（Mintel）的数据显示，2012 年至 2017 年，美国的植物奶销量增长了 61%。而据好食品研究所统计，2019 年，美国的非乳制品奶板块的市值达到了 19 亿美元。商业乳制品公司正在合并、申请破产、用推特怒斥记者——其中也包括我。为了和奶牛竞争，完美日的创始人募集到了数亿美元资金——到 2020 年 7 月为止超过了 3.61 亿美元，并雇用了近 100 名员工。我最近一次去见潘迪亚和甘地，顺便拜访了他们的办公室，那是一幢两层的装饰风艺术建筑，位于加州埃默里维尔。在时代广场酒店里试喝他们样品奶的一幕恍若隔世，但实际就发生在仅仅 3 年前。当谈论了募资新闻和原料研发进展后，他们又爆了一个料：他们最终得到了一个产品原型。"你想尝尝它吗？"他们问。"它"指的是冰激凌。我想，我可以吃几乎任何材料做的冰激凌，哪怕是他们从地板上刮下来的酵母。我尖叫着说："愿意。"

于是我们起身，把椅子从锃亮的玻璃会议桌边移开，走进一间宽敞的生产厨房。隐藏的扬声器播放着爵士乐，一个穿白色厨师服的高个子男人站在卡拉拉大理石的操作台前，操作台闪着耀眼的光。这些陈设让这里更像是一个精致的厨师学校，而不是生物科技初创公司。潘迪亚的手指滑过两个郁金香形的玻璃罐，里面装的便是实验室制造的蛋白质，一罐乳清蛋白，一罐酪蛋白。接着，厨师递给我三种风味的冰激凌：黑莓太妃糖、牛奶巧克力和香草海盐软糖。

我忽略掉实际的风味，将注意力集中在它们的口感、质地和外观上。我一边吃，一边阅读成分表，非动物乳清蛋白排在水、糖、椰子油、葵花子油和碱化可可粉后面。比起全脂的冰激凌，它们的口感有一些微妙的差异，更像是冻酸奶。两位创始人说，配方里少量的乳清，就让我刚才感受到的一切——无论是口感、质地，还是脂肪的乳化——都有了质的飞跃。听上去不错，我暗自想，但是动物性的乳清需要替代品吗？"棒极了，"我微笑着说，"很美味。"

乳蛋白是很多我们钟爱的食品的基础，比如奶酪、酸奶和冰激凌。虽然市面上有很多可口的植物奶可供选择，那些以椰子奶为基础的尤为不错，但它们并不总是尽善尽美——杏仁奶太稀，燕麦奶太甜，豌豆奶豆腥味太浓。完美日花了 5 年时间来寻找合适的微生物群（或者说酵母菌，但是两个创始人都不喜欢这个词），他们能改造其基因从而生产出乳蛋白。最终，他们找到了，给这种菌起了个昵称"毛茛"（Buttercup）。

完美日的酵母菌一旦经基因编码，就被放置到发酵罐中。在这一步，罐内的环境必须很理想，这样酵母菌才能生长并生产蛋白质。为了理解这个过程，我采访了完美日的首席技术官蒂姆·纪斯特林格（Tim Geistlinger）。"蛋白质由碳、氮和氧元素组成，"他告诉我，"（而在发酵过程中）人们关注的基本问题是温度、氧气和搅拌速度。综合起来，这就要考虑到氧气的输送速度，以及给酵母菌喂养糖和氮的速度。"我认可他的解释。但我也不禁想起本书里写到的其他食品——关键原料（往往是蛋白质）从自然界中取得，而后在实验室中复制。食物系统进一步工业化，是不是好事呢？在这种情况下，农民会继续种植小麦、玉米和大豆，来推动我们新的非动物性奶酪产业，而不是去追求更大的生物多样性。

早期，克拉拉和完美日在参加细胞培养肉行业聚会时，两家公司的创始人都长时间地交谈，而没有去跟在场的其他人寒暄联络，就像一条泾渭分明的界线被划了出来。埃利桑多认为这是因为两家公司正在做的不如"肉那么诱人"。或许他是对的。当数十家初创公司为抢占"肉类"市场先机争破头时，蛋类和奶制品行业中，只有寥寥几家公司试图颠覆我们的早餐主食。

纪斯特林格有过食品行业的工作经历。早前他曾在别样肉客，帮助伊桑·布朗开发如今最畅销的植物肉汉堡。供职于别样肉客之前，他在尼尔·伦宁格的公司阿米利斯研究疟疾药物，在食品技术人员的简历中，阿米利斯这个名字出现的频率之多，令人惊讶。过去科学家们有着简单明了的职业路径——要么投身学术，要么进入制药行业——现在食品技术行业为其提供了第三种可能，让他们有机会赚到成百上千万美元，同时，就像纪斯特林格所暗示的，"以积极的方式影响这个世界"。

在实验室里小规模地制造食品并不轻松，但生产出足够多的食品来装满一个双肩包，仍然要比填满一个 200 000 升的生物反应器、一个食品级的油罐卡车，或者货船上的集装箱容易得多。在获得 FDA 的监管许可后，接下来的障碍是如何采购到便宜的糖，而这是培养任何一种蛋白质类似物最为关键的因素。我在研究中专门调查了糖的来源——食品废物、葡萄糖和甜菜等，以及糖的来源和质量是否会影响新生成的蛋白质。我得到的答案是，糖的来源无关痛痒。细菌在生产新蛋白质时会把它们消耗殆尽。一位纽约大学的化学家曾在一次采访中这么跟我说:"垃圾进,垃圾出。"我想要相信这些创始人,但因为我的生命围绕着糖打转,而糖在人体内属于碳水化合物,我在处理这些创新成果时不可避免地带着不安。

一旦完美日在室内成功生产出少量原料后,它就需要简化步骤以扩大生产规模。打个比方,就像尝试烹饪一道最复杂的菜肴,比如它出自费兰·阿德里亚(Ferran Adrià)的料理书《斗牛犬》(*El Bulli*)——名字源自他著名的分子料理餐厅。当你在 4 人宴会上做出这道菜后,你得为 100 个人再做一遍,接着 1000 个、1 万个、10 万个、100 万个人。如果完美日公司想要结束我们对畜牧业的依赖,100 万仅仅是一个起点,这些创始人希望的是能在全世界开设工厂,为数十亿人生产乳清蛋白和酪蛋白。

跟克拉拉与宜瑞安合作的方式相似,为了商业化非动物性乳蛋白,完美日跟阿奇尔丹尼斯米德兰公司(Archer Daniels Midland,其简称 ADM 更广为人知)签订了合约,ADM 是国际性的食品加工企业,年均销售额超过 640 亿美元。跟食品巨头建立伙伴关系,能让完美日扩大其乳蛋白原料的生产规模。而对 ADM 而言,公司也借此进入了一条亟须的创新通道。合作也将完美日的命运跟一家跨国公司捆绑在了一起,而后者花了大量财力支持食品安全和营养方面的营销,包括推广和捍卫糖、人工甜味剂、食品添加剂,还有农药。

2018 年,完美日获得了首个专利,第 9924728 号,"由重组 β-乳球蛋白和 / 或重组 α-乳白蛋白构成的食品成分"——实质就是乳清蛋白和酪蛋白。

2019 年 6 月，完美日向 FDA 递交了一份 GRAS 申请，GRAS 的意思是公认安全（generally recognized as safe）。根据 FDA 网站的信息，"任何有目的地添加进食品中的物质都属于食品添加剂，投放市场之前必须经受评估，并得到 FDA 的许可，除非**这种物质在其预期用途的条件下，被合格专家普遍认可是安全的**"。（粗体为作者所加。）这意味着仅仅是不寻常的成分需要审查，普通成分（例如葵花子油或碱化可可粉）能够自动进入我们的食物系统。当一家公司申请 GRAS 时，它会分享自己对该成分的研究，而非中立的研究。问题主要在于"合格专家"这个表述，实际上这通常是由那些申请 GRAS 的公司支付报酬的专家。就是通过这样的监管途径，不可能食品提交了申请，为它的血红素（不可能汉堡的必要成分）贴上了 GRAS 标签。

非动物来源的乳蛋白几乎不会受到什么实质性监管，就能溜进市场，这是因为已上市的凝乳酶和胰岛素经由类似的流程生产，而且人们饮用牛奶也有长达几个世纪的时间。鸡蛋蛋白质也是如此。这种简单化的思维或许具有误导性，但很不幸，GRAS 成了如今很多食品技术公司接受监管的实际方式。这并不是说，我想当然地认为食品技术公司从事的工作风险重重，或是它们在有意地制造不安全的产品，但我仍然希望看到更深入的评估，这其中应该有由独立的、无涉产品利益的食品科学家主导的学术研究。然而在写作本书时，还没有哪家公司做过这样的事情。

让人们接受奶从罐子里喷出来——就像在威利·旺卡[①]的巧

――――――――――

① 威利·旺卡是罗尔德·达尔的小说《查理和巧克力工厂》里的一个角色。他古怪神秘，拥有一个不可思议的巧克力工厂。——译者

克力工厂里那样——而不是从奶牛身上挤出来，还需要时间。杂志《素食时代》（*Vegetarian Times*）在 2017 年的一项调查显示，730 万美国人奉行素食饮食，其中 100 万人是纯素食者。美国有 3.27 亿人口，这意味着只有 3% 的人口遵循完全的植物性饮食。尽管很多数据显示，工业化农业对环境的破坏之大超乎想象，但我们目前的代替方式，不过是朝着另一个版本的工业生产前进——仅仅是排除了动物。在这个新版本中，我们仍然需要工厂、能源、水和作物。这些解决方案从理论上看很安全，但是否真正万无一失，仍然留待时间检验。

"制造商对这种弗兰肯斯坦似的材料是有一些疑惑的。"（俄勒冈州立大学食品创新中心的）马索尼说。只要鸡蛋产业还保持稳定，或许就不会有足够强的动力去促成这种改变。马索尼也指出，让一个人改变既有食品的成分颇为不易。"我不知道这需要花多长时间来实施并被接受，也许 20 年？"她大声地问。而当目标最终实现，这些规模化生产的产品遍布全国每个超市时，"每个人都会想接下来将是什么，"她说。

让消费者接受的最快途径：冰激凌

"非动物乳清蛋白"这个词若是写入成分标签，多少有些冗长。但完美日的潘迪亚认为这对消费者来说是最透明的表述。"植物性这个说法更让人迷惑。"他说。即便没有牛奶，完美日的冰激凌也需要过敏原标示，因为这些蛋白质跟乳蛋白几乎完全一致。唯一的差别是完美日的乳清蛋白不含牛奶中的乳糖。过去几年的数项研究显示，超过一半的消费者在购物时将成分标签作为最重要的判断元素来查看。那么，非动物乳清蛋白这七个字会不会引发某种危险信号的联想？

我在脸书（Facebook）上加入了一个纯素食商业群，当我把一张完美日冰激凌的照片发布到群里后，这个成员超过9000名的群被非动物乳清蛋白的概念搞糊涂了，大部分人表示很难接受。"它含有乳蛋白。"一个人评论说。"是的，"我回复道，"但不是从奶牛来的。"但这么解释没用。

一个女人转发了照片，评论说："他们得解释清楚标签上所说的'包含乳蛋白'不代表牛奶，否则我不会买。"

另一个人写道："有趣！作为一个纯素食者，我不确定我会不会买它。我想要再研究一下。它应该被推销给需要替代产品的素食者和肉食者。我真的认为这个标签应该做到让一个人拿起产品时，清楚意识到这是一项新技术，以及这项技术的特别之处在哪儿。"

还有一个人评论说："既然与奶牛无关，从伦理（素食主义）的角度我认可它。但它不符合我的健康标准。我希望有一天实验室能培育出不含胆固醇和饱和脂肪的乳制品。这个产品里没有胆固醇，但有很多饱和脂肪。因为排在第三的成分（在水和糖之后）是椰子油。"

这些评论出自一个活跃度极高的群体，成员有着明确的议题——毫不动摇地践行纯素食；这显示，要确保产品的营销宣传具备合适的普及意义和透明度，仍然长路漫漫。然而，食品技术公司创始人对这些小打小闹的团体（不好意思，纯素食者们）

兴趣不大。对于他们来说，主流大众的接受才关乎一切。

当我决定写作本书时，想要更深入地了解这些高科技发酵蛋白质的后期处理流程。这包括了原始宿主酵母菌（经转基因处理）、蛋白质，以及其他经各种工业溶剂纯化之前的杂质，没有生产商愿意验明这些杂质。最终成分中，是否有可能包含细胞外的片段？在产品生产的整个环节中，FDA 的监管是否有遗漏？例如当原料在中国的工厂里不分昼夜地生产的时候。当这些成分作为配方加入其他产品时，例如婴儿食品，是否会有监管方的再次审查？

如今年轻一代的消费者似乎很清楚，基于奶牛的供应链伴随着巨大的危害——我们被食品安全、健康和环境问题包围。但这些都是我们知道的问题，对吧？在未来的超市货架中，选项包括了牛奶、非动物性的牛奶和植物奶，我们又该如何挑选？如果植物性食品已经足够优质，那么何必还要高科技版本的牛奶？

我不是受过专业训练的科学家，因此向爱尔兰科克大学的食品科学家西泽尔·维加·莫拉莱斯（Cesar Vega Morales）咨询了我的问题。我问他，消费者需要什么样的教育，才能更好地理解一个冰激凌中所含的乳蛋白不是从奶牛来的。他说："我个人认为，这个问题无关紧要：分子就是分子，我们为什么要谈论它呢？它是非乳制品，仅此而已。我们有时太去计较技术的细枝末节了。有时消费者根本不需要理解这些。"

今天的人或许会好奇，未来食品背后有哪些让人欲罢不能的故事，但是鲜有人会执着地深入探索。我不同。我想从一个更微观的层面了解自己的食物里到底有什么。一顿饭菜分别以天然食物和加工食品为基础（包含等量的碳水化合物、蛋白质、脂肪和纤维），必然需要完全不同量的胰岛素来消化分解。

后来，我又询问了克拉拉的埃利桑多，是否因为今天的消费者比起过去能够接收到更多信息，所以食品原料公司变得更透明。他向我保证说他们"不会忽视消费者"，并且他坚信"未来的企业对企业（B-to-B）公司不能像过去那样了"。

截至目前，完美日和克拉拉还未扩大生产规模，但它们都已得到了大型食品原料公司的支持，后者必定会助其一臂之力。当我跟 ADM 风险投资（完美日的主要投资者）的副总裁维多利亚·德拉韦尔加（Victoria De La Huerga）交谈时，她告诉我，要达到食品巨头需要的量并不容易。"要想扩大生产规模，意味着你要尽可能地降低生产成本。这还需要工程学的大量帮助。"

当两家公司最终实现凤愿时，希望不会因为道德上的迫切和赚钱的需要而丢掉透明度。食品科学家莫拉莱斯更加愤世嫉俗："消费者是不会刨根问底的。如果他们真那么做，只会看到原料被加工的方式是如此之多。要是再了解多一点儿，他们就会大惊小怪了。这就是消费者的天性。谁在乎呢？"

我跟着他笑起来，但几乎同时感到有些难堪。最近，迪士尼的前任首席执行官鲍勃·艾格（Bob Iger）也加入了完美日的董事会。我过去采访过艾格，知道这位商人对冰激凌情有独钟。

回到完美日那间平滑而完美的厨房，爵士乐引诱我融入房间的氛围中。我慢慢地舔着勺子，让冰激凌在舌尖上融化。它尝起来不像哈根达斯那样馥郁浓醇，但是也没有很多非乳品牌的冰激凌那种冰碴似的口感。它像奶油一样细腻柔滑，在我的上颚停留的时间足够长，给我的味蕾传达了一个信息：冰激凌 —— 耶！它是美味的。如果在混合了其他冰激凌的盲测中尝到它，我或许不能辨别出它其实并不是传统的乳制品。在我试吃了三勺冰激凌的几周后，完美日出售了首批 1000 品脱^① 的冰激凌，每品脱定价 20 美元，一套三种口味 60 美元。不到半天，它们就被一抢而空。

---

① 1 美制湿量品脱 ≈ 473 毫升。

升级再造

遗失的食品

当我还住在曼哈顿时，我把堆肥储存在冰箱里。旧塑料袋中塞满了冻成块的胡萝卜皮、牛油果核、苹果核和咖啡渣。我要尽可能地减少去联合广场的农夫集市的频率。当冰箱塞满后，我就用自行车驮着三个大号手提箱，一个放在前筐里，另外两个挂在车把上，摇摇晃晃地骑向联合广场。一路上，我祈祷着一顺的绿灯，这样就不需要费力地将这辆过载的自行车停下。最终，当把这些东西倒进下东区生态中心放置的灰色垃圾箱后，我的心中便会涌起作为环保者的温暖。

在那之后，我阅读了记者阿曼达·利特尔（Amanda Little）所写的《食物的命运》（*The Fate of Food*），这本书让我意识到，那种高尚的感觉其实是受到了误导。利特尔采访了环保组织自然资源保护协会（NRDC）的废物研究专家达比·胡佛（Darby Hoover）。在胡佛看来，整个食品废物的类别"充满了矛盾"。第一大矛盾就是越健康的饮食方式往往越浪费——我那持续被填满的冰箱就是证据。"对于保护地球而言，不产生废物要远远好于循环利用食品残渣。"我的女童子军可持续徽章被摘掉了！

之所以会对升级再造食品产生兴趣，或许是因为我的另外一个爱好（制作堆肥）一点也不酷。食品废物令人讨厌，它会让人产生罪恶感，提醒我们自己花了大价钱买来的食品却没有好好利用。食品工业中的升级再造——捕获仍然有营养的废物，创造出新的食品的技艺——让我们充满了道德感。一直以来我热心地追踪着这类食品，为《华尔街日报》和《纽约时报》写文章，介绍在捕获废物领域做出了突出贡献的人。

人造黄油是第一批化废为宝的产品。它最初是为拿破仑三世制作的，用牛脂制成，后来美国肉类加工厂用相同的方式来处理过量废物。到19世纪早期，制造这种黄油替代品的公司有数十家。在被冠以"升级再造"这个充满德行的名字之前，这些食品被当作联产品或副产品。乳清，制作酸奶和奶酪时残留的液体，是拯救废物更成功的案例。在20世纪80年代，乳清被商业开发，它蛋白质含量高，很容易消化——本可以作为动物饲料使用，但是对人类而言价值更高。今天，乳清作为配料被加进了成百上千种代餐能量棒、蛋白质奶昔和生酮饼干中。

"那时我们不愿意叫它们废物，否则人们吃不下去。"塔拉·麦克休（Tara McHugh）说，她是美国农业部西部区域研究中心的主任，这也是农业部4个国家级中心之一（早前被称为"农业利用实验室"）。如今，人们不介意吃废物。事实上，对于生产商而言，把剩余的食品变成增值产品[1]，成了一种道德责任。

---

[1] 美国农业部对增值产品的定义是产品物理状态或形式的改变。例如，把小麦磨成面粉或把草莓制成果酱。——译者

尽管一些废物能够直接饲养动物，但是用食品喂养人类，在美国国家环境保护局的食品回收等级——食品废物处理方式的排名体系，显示什么样的处理方式对环境、社会和经济最有益——中处于更高的位置。

在美国农业部，麦克休和一些公司合作，利用石榴皮和酿酒残留的果渣等农业废物创造出新的食品。随着大型公司承诺他们将致力于可持续发展，并投入更多营销资金用于消费者教育，麦克休说，"消费者或许将更清楚"他们购买哪种东西会有益于环境。2017 年，德雷克塞尔大学的一项关于升级再造益处的研究指出："消费者如果感觉到他们购买环保产品会对社会福利做出贡献，往往会舍弃一些个人利益。"

其他研究也支持了这一观点。2019 年，在芝加哥举行的食品技术专家协会年会上，马特森公司（Mattson，位于旧金山湾区，业务是帮助客户开发新型食品和饮料）发布的数据显示，39% 的消费者想要购买更多使用了升级再造原料的食品和饮料。到 2020 年，这个数字有望提高到 57%。ReFED 是一家旧金山湾区的非营利组织，它使用数据来游说和组织公司关注食品废物，据其统计，至少有 70 家美国公司正在将食品废物转化为新产品。升级再造食品协会——没错，真有这样的一家组织——在支持行业增长的同时，为升级再造的认证制定了指导方针，全球有90 多家公司是它的成员。

新冠疫情中，即便是在实施就地庇护令期间，消费者仍然将可持续发展置于重要位置。根据吉诺玛蒂卡公司（Genomatica）对 2000 名成年人的调查，86% 的受访者表示，即便是疫情消退，仍然会继续考虑可持续发展的重要性。[①] 此外，37% 的美国人愿意为可持续产品多花点儿钱，哪怕是在经济低迷时期。从各年龄段来看，1995—2009 年期间出生的 Z 世代意愿最强，达到了43%。

当我们的消费习惯变得越来越高尚时，我们不妨重温一遍历史。"二战"后的美国和化学领域的突飞猛进成了分水岭。工厂结束了战时弹药的生产，转而向新的工业化食物系统敞开大门，驱动这个系统的是化肥和大规模生产。贫瘠的战争岁月过后，美国的中产阶层跟超市货架上的商品一起蓬勃壮大。这一时期的"进步成果"名单很长，其中包括了：冷冻方便食品、塑料包装、食品冷藏的普及、规模经济和政府对大规模农业的补贴。所有这些都促进了工业化食品生产的增长，进而产生了大规模的废物。

减少食品废物不像把几块胡萝卜皮扔进鸡汤里那样简单。作为一种文化，我们几十年来都在购买圆润、没有瑕疵的苹果和胡萝卜。除开疫情中的一些意外——厕纸和洗手液被抢空——我们期待看到超市的货架上堆满了商品。但是瞧一眼超市后的垃圾桶，你就会发现里面净是一些可以食用的、富有营养的食品，仅仅是因为它们不够完美就被扔掉了，像是过了最佳保质期的临期乳制品、过期一天的面包甜点、长黑点的香蕉，以及熟过了的浆果。

---

① 吉诺玛蒂卡使用的样本在年龄、性别、地理区域方面由人口普查数据平衡，误差率约为 +/-2%。数据的收集时间是 2020 年 6 月 16 日～24日。——作者

在被忽视了几十年后，食品废物正式成为人们最关心的问题。富有创造力的厨师打造出以"废弃的食品"为主题的快闪餐厅；一些展示低效食品供应的活动得以组织；热心公益的人士创建了营利性公司，希望重新利用食物系统中的隐藏元素。全食超市的 2021 年趋势报告指出："使用被忽视的和未充分利用的原料制成的包装产品大幅增长，这将减少食品废物。"

用以指代这些被丢弃的宝贝的术语还有很多。NRDC 称其为"浪费的食品"，这是为了"表明它们是好东西，不是垃圾，以示思想的转变"。我更倾向于使用"遗失的食品"这个术语，这是美国西博会上沃尔特·罗布（Walter Robb）首创的，他是全食超市的前任联合首席执行官。"遗失"这个词的优势，是它免除了"浪费"一词中指责性的暗示，更具有同理心。遗失意味着我们可以重新找回来。它们能够被拯救、被重新创造。

工业共生（industrial symbiosis）是这个领域的技术名称，毋庸置疑，它对地球大有裨益，但它并没有阻止我们过度消费的趋势，也没能消除食品生产商支持并推动这一趋势的倾向。它更没有减少我们食品贮藏室的不平等：一些人橱柜中会囤积一年的零食，另一些人存放的食品仅仅能维持一天或一周。用升级再造原料制造的产品是否健康，它们是否会继续固化依赖于零食的美式饮食 —— 我们大脑的化学反应在脆的、咸的、油腻的食品面前毫无抵抗力 —— 还有待观察。《华盛顿邮报》的专栏作者塔马·哈斯佩尔（Tamar Haspel）是一个很有趣的推特博主，和我有着相似的顾虑，塔马告诉我，她"对我们是否能从那些废物中获得健康的食品心存怀疑"。

吃掉啤酒

制造啤酒的第一步，是将一堆谷物——如发芽的大麦——和水一起装进罐子里。这些叫作芽浆的混合物被加热，以促进谷物的细胞壁破裂，进而释放出糖分。最终它们会转化为酒精。几个小时后，剩下的谷物——啤酒糟，就被倒掉。如果可能，啤酒厂会将这些大堆的湿物料运到农场，用作牲畜的补充饲料；但在更多的情况下，它们被直接扔弃。

回收啤酒厂和蒸馏酒厂的酒糟循环利用的想法，诞生于1913年。比利时化学家让·埃夫隆（Jean Effront）提出，可以用啤酒和蒸馏酒的废料制作新型食品，它们会有浓郁的"肉香"，营养价值是牛肉的3倍。埃夫隆甚至极有远见地称："这种仿肉或许会更节约，因为它们不需要经过动物这个中间环节。"这个观点在今天同样被植物肉和细胞培养肉的支持者引用。

在美国，不少公司正在研究这些谷物废料在动物饲料之外的利用价值，包括瑞斯公司（Rise）、酿酒者饼干公司（Brewer's Crackers）、谷为谷公司（Grain4Grain）和净零公司（NETZRO）。这些企业尝试了一切创新想法，包括酒糟面包、烤酒糟麦片和酒糟曲奇饼干。但问题接踵而至。一些产品根本不能食用，更糟的是，可食用的产品味道令人厌恶。这些半空心的谷物最后往往会出现在你不想要它们现身的地方，例如你的牙齿之间。为了变成可口的最终产品，这些谷物需要进一步的加工。这包括高温烘干酒糟——一些公司使用红外线杀菌技术，并将其磨成细粉。

丹·库尔兹罗克（Dan Kurzrock）的公司的座右铭是"吃掉

啤酒"。他将公司制造的粉末称作超级谷物 +。库尔兹罗克是再生谷物（ReGrained）的首席执行官和联合创始人，这是一家位于加州伯克利的初创公司。我挺喜欢库尔兹罗克，因为他到处骑行。如果换一种生活，他或许会是一个了不起的公园管理员。跟很多好主意（也包括一些糟糕的主意）类似，再生谷物公司的概念从啤酒中产生。库尔兹罗克和他的联合创始人乔丹·施瓦茨（Jordan Schwartz，如今他已经离开公司）在希伯来语学校相识，在加州大学洛杉矶分校上学时，俩人学会了酿造啤酒。他们制作了 6 瓶酒，还得到了一磅酒糟——在他们看来仍然是营养丰富的食品。随后他们的思维从这微小的量跳跃到了百威（Budweiser）、美乐（Miller）以及摩森康胜（Molson Coors）等大型啤酒厂产出的成百上千万吨的废物上。而摩森康胜现在正是再生谷物的投资人之一。

没有人愿意承认废物流的规模有多大。虽然啤酒行业拥有相当多的会员协会——包括一个酿酒大师协会，一个酿酒化学家协会，多个区域性协会，以及一个全国性协会——但没有一个在追踪到底有多少酒糟被丢弃或者进入了农场。我用美国烟酒税收贸易局提供的数据做了一个粗略的计算。2019 年，超过 8000 家啤酒厂生产了大约 1.91 亿桶啤酒。美国酿酒商协会估计，酿造每桶啤酒会用 72 磅麦芽，这只是干重。湿谷物会更重，只不过其中大部分是水。另外，小型的精酿啤酒厂通常使用的麦芽量是大型啤酒厂的 3～4 倍。如果我们忽略这点，直接使用 72 这个数字，会得到每年产出 140 亿磅酒糟的结果。一部分酒糟会进入农场，但是没有人知道比例是多少，剩下的会进入废物流。根据啤酒厂的位置，它们也可能被制成堆肥。

啤酒厂独特的霉味，跟炉子上咕嘟着的燕麦粥里飘出的发酵味很相似，只是不再有甜味。一旦烘干，这些酒糟就像熟糙米饭的碎块。酒糟面粉不同于我们平时用的白面粉，它们的大部分糖分已经丧失。但库尔兹罗克是正确的，它们仍然富含营养。再生谷物的酒糟面粉，纤维含量是全麦面粉的 3.4 倍，蛋白质和扁桃仁粉的持平，且含有铁、锰、镁。这些营养数据显示它们极具竞争力，不过，再生谷物的酒糟面粉若是单独使用，表现会不尽如人意，最好的方法是将其作为配料加入其他食品中，比如制作点心。

对 2020 年的零食制造商而言，泡芙成了首选。市面上现在有鹰嘴豆制成的泡芙，它有一个机灵的名字嬉皮豆（Hippeas）；有一系列青豌豆泡芙，包括豌豆淘（PeaTos）、豌豆多（Peas Please）、大丰收（Harvest Snaps）；还有木薯制成的传统版本泡芙。再生谷物生产出了格兰诺拉谷物棒，现在它又推出了以玉米和酒糟面粉为原料的膨化零食。"我们使用了非转基因玉米，因为它们味道更好。"库尔兹罗克告诉我。是的，它们很美味，但是炸玉米片和泡芙会让我的血糖飙升得过快，因为它们是由挤出机制作的。我在本书前半部分提到过这种大型机器，它们能够喷出成形的、熟的、极易消化的食品。

挤压食品，顾名思义是高度加工的，营养学对其研究得很透彻。食品加工程度越高，血糖负荷就越高，换句话说，会让你的血糖急剧升高。澳大利亚悉尼大学的一个团队研究了食品的血糖指数，他们指出，血糖指数高的食品"在瞬间就能被消化，因为它们的加工过程使得淀粉很容易就被摄取"。对糖尿病患者而言，血糖水平的控制至关重要，但医生还会说，血糖水平过山车般的起伏对任何人都不好。临床营养学家迈克尔·格雷格在他的网站 NutritionFacts.org 上指出，我们所吃食物的质量，也会影响一天中晚些时候的饥饿程度。比起加工程度更低的钢切燕麦，吃即食燕麦片会导致饥饿感来得更快，因而人会吃得更多。

乔纳森·多伊奇（Jonathan Deutsch），德雷克塞尔大学烹饪艺术与科学教授，是升级再造领域的一名专家。我们在特色食品协会组织的夏季特色食品展览会上认识，当时我俩都在担任评审。评审的任务苦乐参半：从试吃 25 种不同的巧克力棒，到用叉子蘸取品尝 14 种沙拉酱汁。多伊奇也是德雷克塞尔大学食品实验室的主任，并与数十家公司合作开发产品。升级再造是他的拿手好戏。"我的观点是：我们吃的大部分食品都是加工过的，甚至农产品也是。我们需要讨论的不是加工和未加工，而是超加工。"对多伊奇来说，"食物系统的各个领域都存在机遇"。一切都取决于生产者如何处理升级再造后的原料，以及原料能够在多大程度上转化为最终产品。

当再生谷物公司在生产格兰诺拉谷物棒和泡芙时，明尼阿波利斯的净零的创始人苏·马歇尔（Sue Marshall）正在制造煎饼。新冠疫情孕育出了这个产品需求。"不少人联系我说他们买不到面粉了。"马歇尔说。于是她迅速地跟一家当地磨坊合作，生产了一种混合黑麦、小麦和 20% 啤酒糟的面粉。马歇尔利用的另外一种原料是鸡蛋壳，它几乎被完全废弃，却可以回收利用，转化为钙和胶原蛋白。马歇尔在升级再造领域看到了无限潜力——前提是她有足够多的钱。"投资者想要我们集中精力就做一件事，"她说，"但是企业家不愿意仅仅做一件事。身为女人，我什么都可以做。"

跟大部分食品公司不一样，再生谷物对其原料做了第三方测试。公司创始人申请了一笔小额商业贷款，并与美国农业部合作进行了一项营养学研究。第一阶段是动物喂养，再生谷物的联合创始人施瓦茨在邮件上分享了一些初步结果。"潜在的积极结果"包括试验动物胆固醇水平可能下降，肠道中微生物菌群增加。研究的第二阶段将会进行人体喂养试验，这需要另外一笔资金。在动物研究的基础上，施瓦茨还希望在再生谷物的面粉中加入大量的益生元纤维——与肠道微生物菌群的活力紧密相关。

再生谷物也与美国农业部合作研究啤酒糟的烘干和研磨技术。公司为这个工艺申请了专利，并正在加州伯克利建造一家小型工厂。一旦工厂投入运转，再生谷物的面粉产量将从现在的每周一吨提升到每小时一吨。"我们的供应很充足。"库尔兹罗克说。潜在供应商的名单似乎是无限的，但目前他选择合作的是尖兵堡啤酒公司（Fort Point Beer Company），这家公司在旧金山的普雷西迪奥有一座面积 14 000 平方英尺的酿酒厂。"对我们来说，他们很理想。"库尔兹罗克说。截至目前，这家初创公司募集到了超过 420 万美元的资金。生产意面的意大利公司百味来（Barilla），作为再生谷物的投资者之一，正在积极地测试在干意面中使用再生谷物的面粉。格里菲斯食品公司（Griffith Foods），一家有百年历史的原料商，也同样在进行试验。此外还有其他第三方参与测试，但他们都签署了保密协议，信息没有公开。

这种秘密商业模式在食品工业中很普遍，它依赖于对原料、加工、生产和分销的模糊化处理。但这无疑需要顺应时代的变化——如今，在社交媒体上分享才是王道。虽然更年轻的消费者、千禧一代，甚至 Z 世代都期待着更多的透明度，但食品巨头们仍然对其生产流程和方法遮遮掩掩，并向小企业施加压力，迫使后者跟随效仿。[①]本书并不是一本启蒙读物——教你了解如何改善我们的食物系统，也不仅仅是抗议工业化食品的口号，而是一声警钟——新型食品公司正在追随食品巨头的道路，拿着后者的投资，甚至被这些传奇品牌收购。我的不满不是针对这些小公司，但他们正为食品巨头创造出一条道貌岸然的小路，将我们引向方便食品和零食的大道——廉价、低质量的热量之家。

升级再造的早期岁月

在 20 世纪 50 年代后期，纺丝蛋白被认为是食品的未来。（我在第 3 章中介绍了罗伯特·博耶将植物成分转化为工业化食品的发明。）除了使用大豆之类的天然原料，博耶还认为，他能够重新利用那些本该作为饲料或者进入垃圾堆的废物。他对花生、红花和紫花苜蓿等油籽作物脱脂后的残留物尤为感兴趣。即使在发展的早期，通用磨坊也看到了回收食品废物的重要性。除

---

① 千禧一代，一般指 1980 年代和 1990 年代出生的人，源自美国文化对一个特定时代的人的习惯称呼。Z 世代，起源于欧美的用语，特指在 1990 年代中后期至 2010 年代前期出生的人。——译者

了其多样性和潜力，升级再造获得大量投入的原因也与历史学家纳迪娅·贝伦斯坦所说的"拯救世界的论调"紧密相关，这种论调认为人类营养应优先选择蛋白质，并直接造成了对蛋白质研发的过度投入。"它得到的关注超过了它应得的，"她说，"这一切都不过是关乎一种表演性的特质——蛋白质是新陈代谢的燃料，象征着阳刚之气、力量和肌肉增长。"

1965年，通用磨坊分离蛋白项目的负责人提出，不发达国家浪费的蛋白质资源可以被用来填补营养需求的缺口。尽管这条道路前途无量——或许这只是美国对当地饮食文化不断破坏的另一个版本——但不论是升级再造计划，还是纺丝蛋白，都没能挺过20世纪60年代。不过这些食品技术和工业化领域的成果仍然有受益者，从20世纪60年代起，超市中有了零食的专门销售通道。

如果博耶现在还活着，他或许会热切地注视着榨取芥花籽油和橄榄油后留下的废渣。很多企业家仍然对大豆充满信心，哪怕许多美国人对这种原料怀着矛盾的态度。但克莱尔·施莱姆（Claire Schlemme）对大豆的态度可一点儿都不含糊。2016年，我们在曼哈顿的"美食聚焦"活动上认识，这个每月一次的社交活动由食品企业家拉赫娜·戈瓦尼（Rachna Govani）创办。"美食聚焦"让人想起《创智赢家》（Shark Tank），但它没有后者的巨额资金和刻薄态度，我尽可能频繁地参加。活动得到了戈瓦尼当时的初创公司福斯坦（Foodstand）和一些大品牌的赞助，每次邀请三位专家来听取早期食品公司的推介演讲。每次演讲后，评委会给出产品定价、口味和包装方面的评价。一群美食爱好者在现场观看，用他们的手机投票，投票结果会投影在评委身后的墙上。

在活动中，施莱姆用一个塑料容器盛满了她的"废物"曲奇。这些曲奇的基础材料是豆渣，即制作豆腐留下的充满纤维的糊。它们激起了我的好奇。那会儿我已经打算减少自己的垃圾足迹，因此对她的想法一见倾心。当时，施莱姆和她的联合创始人想出了一个公司名字，叫作复兴磨坊（Renewal Mill），除此之外就没什么了。她在跟我挥手告别时说："我们还没有准备在媒体上发布。"

豆腐作为一种食品，已经有上千年的历史，在最早食用豆腐的亚洲，豆渣并没有被浪费。但在美国，它们不是被拿去投喂牲畜，就是被丢弃。施莱姆和她的同伴从当地的豆腐厂获得了一些豆渣，将其烘干，再碾磨成粉。一杯豆渣面粉和等量的小麦面粉相比，纤维含量要多出 47 克，还有更多的蛋白质和更少的碳水化合物。由于从大豆中得来，豆渣含有所有的必需氨基酸。豆渣中谷氨酰胺的含量最高，这种氨基酸能够在人体内发挥多种功能。在高强度的运动中，人体内谷氨酰胺的水平会下降。2015年，一项研究测试了食用豆渣制品的大学生运动员的表现——运动员一天吃两块豆渣曲奇，持续 6 周——结果显示："被试者体内疲劳和肌肉损伤的标志物都有了显著的降低。"

许多升级再造面粉的麸质含量都比较低，豆渣更是无麸质食品。没有麸质的膨胀性，不要期待能用豆渣做出蓬松的饼干。在去年的一个节日聚会上，我烤了一个八叶柿子布丁，使用了豆渣粉、扁桃仁粉和白色蛋糕粉的混合物。由于柿子，布丁看上去像蛋奶沙司，但它的蛋白质含量却比普通甜点都要高。布丁貌不惊人，可聚会中的每个人都对它赞不绝口。聚会者也几乎不会意识到，因为我的甜点，他们实际也摄入了更多的钙和纤维——这是美式饮食中最为缺乏的营养素。

起初，复兴磨坊在东海岸开展业务，但 2018 年，公司迁到旧金山湾区，跟奥克兰的 Hodo 食品公司签订了合作协议。蔡明昊（Minh Tsai），Hodo 的首席执行官和创始人，是另一个坚信大豆魔力的人，不过他首先是一个商人。"豆腐的效用已经发挥了上千年。"他说。在 Hodo，蔡明昊也积极致力于生产的可持续性。"我们有浪费水吗？我们有浪费像豆渣一样的副产品吗？我们有浪费任何库存吗？"蔡明昊崇尚循环经济，而不是线性经济。循环经济是一种可再生的商业实践，旨在消除工业废物和减少对有限资源的损耗。欧洲为实现在 2050 年前成为全球第一个"气候中性"①的大洲，已经拟定了清晰的时间表，而循环经济这种可持续的增长方式将是其中重要一环。

"在做出一块豆腐之前，我们就知道会得到（豆渣）。"他说，也知道自己"并不想把它们随便扔掉"。2005 年成立 Hodo 后，蔡明昊将豆渣当作牲畜饲料出售，当时这是一个最简单的解决方案。2018 年，当复兴磨坊找上门来时，蔡明昊决定，是时候从动物饲料转向人的食品成分了，这个供应链也更符合他的基本价值观。在加州的奥克兰，复兴磨坊正在 Hodo 的工厂内部建立一个试验产品生产线，它将跟豆腐的生产流程终端直接对接。

———————————

① 当一个组织的活动对气候系统没有产生净影响时，就是气候中性。——译者

复兴磨坊的办公室跟 Hodo 喧嚣的豆腐工厂就在同一条街上。我去拜访的那天，天热得快把人融化了，公司的前门正对着街道敞开着。一张垫子挡住了入口，一个胖乎乎、乐呵呵的婴儿正在地板上爬。这是阿洛，施莱姆 10 个月大的儿子。一个保姆陪着阿洛，我拉过椅子，在一张朴实无华的会议桌边坐下，一些烘焙工具从桌子上的银桶里伸出来。我开始跟施莱姆以及她的首席运营官卡罗琳·科托（Caroline Cotto）聊起公司的未来。

我们讨论了大豆是如何大受追捧又如何被打入冷宫的，以及它为何会成为八大食物过敏原之一。正因为如此，复兴磨坊正在寻求办法打破目前的局面 —— 公司仅有豆渣面粉一种产品为人所知。施莱姆和科托正在调研其他的供应链，听取那些有关废物流的引人入胜的故事，从香草精一直到当下大热的燕麦奶的生产废物。跟再生谷物的产品超级谷物＋一样，美国目前的超市货架上也有一点豆渣产品。如果你身在旧金山湾区，就能发现当地有复兴磨坊的黑巧克力布朗尼混合预拌粉出售。在网上你能找到豆渣粉和布朗尼混合预拌粉、曲奇，以及蒂亚卢比他公司（Tia Lupita）用木薯、仙人掌和豆渣粉制成的无麸质玉米薄饼。

榨取果汁

我很难在这些从事升级再造的企业家身上找到瑕疵。在对地球行善这件事上，他们普遍表现出满腔热情，与他们相处也让人如沐春风。一旦我有疑问，他们都会尽其所能地回答。如果说德雷克塞尔大学的研究表明，比起那些含天然成分的食品，人们更倾向于购买升级再造方式制造的食品，那么我就是目标消费者之一。在 2020 年，升级再造这个产业的估值达到了 470 亿美元。

早在 2014 年，我为《华尔街日报》写过一个关于打捞晚餐俱乐部（Salvage Supperclub）的故事。在这个晚餐派对上，客人们坐在大垃圾桶里，吃着完全由再生原料制作的饭菜。当时我坐在前方正中间的位置，并没有意识到摄影师会在哪里抓取照片，于是我的照片第一次出现在了报纸上。（你好，妈妈！）

一年之后，名厨丹·巴伯宣布，他将把自己位于曼哈顿的餐厅蓝山改造成一间快闪餐厅，名字改成被浪费掉的（wastED），餐厅只推出那些可以被"挽救"的食品。巴伯用帆布覆盖餐厅的墙壁，邀请了客座厨师与他一起构想用低端原料制作的各种高端菜肴，这些原料包括鳐鱼的软骨、意大利面的边角料，还有鱼锁骨。所有这些残渣都突出了要浪费掉好食材是多么容易。那天晚上，我用苹果手机拍摄出来的照片很暗，室内唯一的光源是用炼制的牛脂自制的蜡烛，我们把面包蘸上这些牛脂来吃，其实并不恶心。

根据美国市场研究公司宜必思世界（IBISWorld）2019 年的一份报告，美国果汁吧的收入在 2020 年将达到 27 亿美元，增长率是 1.9%[1]。果汁行业产出废物的数据不容易找到，但可以设想每年会有数十万吨的量。[2] 不幸的是，当我们浪费了这些成分，

---

[1] 数据是 2019 年 2 月的，我们能够推断由于疫情，实际收入会有所下降。——作者

[2] 2016 年，《当代农夫》（Modern Farmer）报告称 17.5 万吨果渣被送到了垃圾填埋场。——作者

我们同样浪费了用于生产这些成分的资源——水、能源、劳动力和原料，以及种植水果和蔬菜所需的土壤、种子和肥料。

水果渣做的汉堡，听上去有些恶心，但它却是被浪费掉的晚宴里最令我惊喜的一道菜，由巴伯的团队用纽约果汁连锁店液体餐厅（Liquiteria）废弃的果渣制成。这款厚实鲜美的汉堡给我的味蕾带来了脂肪的肥美（来自芝士、杏仁和芥花籽油）和丰盛的滋味（来自豆子和蘑菇），它也富含蛋白质（来自豆腐和鸡蛋），让我心满意足。这个汉堡长时间地留存在我的脑海里，作为一款产品，它能够向食品行业的领军者表明，消费者正在寻找对环境更友好、更健康和更美味的食品。在那顿让人意犹未尽的晚餐后没多久，昔客堡（Shake Shack）宣布他们会限时推出一款果渣汉堡。一听到这个消息，我便兴冲冲地乘坐地铁赶到了昔客堡在格拉梅西公园的分店，排了一个小时的队。终于轮到我时，店员说这款汉堡只售卖一天，就是昨天。我悲痛欲绝，最后不得不饥肠辘辘，空手而归。

向美国人兜售新奇食品，汉堡是一个快速通道，食品巨头们争先恐后地与不可能食品和别样肉客的植物肉汉堡竞争，就是明证。尽管如此，尽管昔客堡的果渣汉堡火爆抢手，废果渣再利用仍然只是个被晾在一边的好主意。含有珍贵纤维的果渣，仍然在等待着解决方案，而不只是被当作动物饲料运往农场。

这样的废物流为凯特琳·莫让塔勒（Kaitlin Mogentale）打开了新世界的大门。洛杉矶人的冷饮习惯名声不佳。在亲自看到当地的状况后，莫让塔勒创建了自己的公司，果渣贮藏室（Pulp Pantry）。"我看到榨汁过程中产生了太多的废物。"她说，创业的想法像是被盛在一个可降解的竹托盘上递给了她。如何才能把想法转化为一门生意呢？一开始，她考虑生产儿童健康食品。接着，她以废果渣为原料制作出了格兰诺拉麦片，在当地的农夫集市上出售。莫让塔勒以她的早期产品为依托，申请了企业孵化器和技术加速器。她加入了纽约的 Food-X 企业孵化器，随后在塔吉特百货（Target）运作的一个企业孵化器中落脚。2019 年末，果渣贮藏室推出了它的第一个商业产品：升级再造"玉米"脆片。

玉米仍然是脆片类食品的主打原料。但如果你走在美国当地超市的零食通道里，就能看到竞争的存在。这些脆片零食在货架上堆到视线几乎不能企及的高度，使用了时髦的原料，包括木薯、鹰嘴豆、鸡蛋清，以及鸡肉。没错，鸡肉……目前，"咸味零食"的规模正在增长。根据消费品行业分析公司艾利艾（IRI）的统计数据，在 2019 年，咸味零食的估值增加了 4.9%，达到 249 亿美元。玉米脆片类零食的估值也增加了 4.9%，至 55 亿美元。

不过，莫让塔勒的脆片不是用玉米作为原料，而是羽衣甘蓝和西芹纤维废渣的混合物。这些废渣来自苏亚（Suja）——一家位于加州欧申赛德、估值超过 1 亿美元的果汁公司。据苏亚的首席运营官迈克·博克斯（Mike Box）介绍，公司每年会往周围的农场运送大约 700 万磅果渣废物，用作牲畜饲料。但相较于饲养动物，食品废物升级再造后喂养饥饿的人群居于美国国家环境保护局的食品回收等级的更高处（减少废物来源位于最顶端）。现在，苏亚把一小部分废物以冻果渣的形式运送给莫让塔勒。这种方式能保持果渣的鲜度，直到它们被烘干并碾磨成粉。脆片中还混入了复兴磨坊的豆渣粉，以及奇亚籽、木薯粉和木薯淀粉。"我很看好大众对纤维的关注。我认为这会是未来的潮流。"莫让塔勒告诉我。营养学研究也认可这一点：纤维是健康肠道的灵丹妙药。

我们的食物系统让我们很难远离加工过程。在我自己的饮食中，我会选择查看食品生产的层次，也就是说，有多少种原料来源和多少个生产步骤。而莫让塔勒的脆片，我用一只手就数得过来。当最终尝到样品时，我认为它们棒极了。方形的脆片超级酥脆，我吃上一小把，就感到相当饱足。它们的营养成分接近于普通玉米脆片，但纤维含量是后者的两倍。我飞快地给莫让塔勒发送了一封邮件。"它们相当出色！海盐味的可能需要多一点盐，烧烤风味的调味稍微过重。"但我还能说什么呢，要知道，我这辈子都在寻找更健康的零食。

展望未来

我对升级再造产品的问题是，要公开生产过程中的每一步，包括后续配方中每一种原料的来源，会有多么困难？这个问题适用于所有的加工食品。区块链等技术能够理出一些头绪。但区块链技术需要供应链的每一环节都留存数字信息记录，距离早期应用都还有相当长的一段路。我也不太确定原料被压制、加热和煮熟后的营养质量。它们还能保留其有益健康的属性吗？

金尼·梅西纳（Ginny Messina）是一名作家兼营养学家

（互联网身份是 @TheVeganRD），她提倡全天然的植物性饮食，但也同意加工食品应有一席之地。她甚至还是不可能皇堡的粉丝，认为偶尔吃一顿其实也不错。梅西纳指出，加工有时是有益的，举例来说，大豆在制成豆浆时，去除了大部分的纤维。豆浆可以做成豆腐块，是钙的优质来源。"一些加工方式能够强化食品营养，或是让它们更容易消化。"她解释说。

　　我也询问了美国农业部的麦克休，加工食品是否可能是健康的。"很多成分具有热稳定性，像纤维和多酚。"多酚是一种天然化合物，广泛存在于水果、蔬菜、谷物和饮料中。有充分的证据表明，富含多酚的饮食能提供更多的抗氧化剂。但是"每一种物质都是不同的"，麦克休介绍说。美国农业部宣称会围绕营养进行"优化"，但对我而言，那听上去就像市场营销演说。

　　很多人的厨房里都有橄榄油，但我们很少会想到它的副产品，橄榄果渣。麦克休说："一些有益健康的化合物在橄榄果渣中的含量更高。"——橄榄油行业或许并不愿意听到这句话。麦克休正在跟大型生产商合作，发掘果渣的用途。但麻烦的是，橄榄果渣再利用需要重建生产线，以保证产品在食用时的质量和安全——这是本章提及的每家公司都需要解决的问题。复兴磨坊在 Hodo 的豆腐生产线上添加了设备和额外的生产环节，不得不扩大公司生产设备的生态足迹，来适应改变。再生谷物在伯克利修建了自己的工厂来加工面粉。尽管如此，麦克休称："大部分公司还是不太情愿改造已有的生产线。"不过，凭借安海斯－布希（Anheuser-Busch）和摩森康胜等大型啤酒公司的投资，这种心态或许会发生转变。

废物再利用需要时间和资金，但两者都不是这些公司愿意额外投入的项目。升级再造食品协会主席特纳·怀亚特（Turner Wyatt），看到了大型公司跟升级再造初创公司密切合作的价值，因为后者能够帮助前者完成其新的企业责任："大型公司将会因为他们制定的实现可持续目标的时间期限，遭到舆论攻击。"食品巨头跟初创公司合作，从而能在目标截止时间前——大部分公司设定在 2030 年，更快地完成任务。多伊奇也在这个协会的一个工作小组任职，他认为，一个极具争议性的问题是，这些公司如何展示他们的环保成效。"是温室气体排放量的减少？还是食品废物的再利用？把废物从垃圾填埋场移除就够了吗？"他问。如果我是这个工作小组的成员，我会提议，食品巨头的可持续发展目标中，还应该包括减少与生产相关的食品废物，以及对升级再造原料的强制性使用。（在一个完美的世界中，对低营养零食的广泛传播也会有更多的限制。）

在今天的产业格局中，可持续发展是一门好生意。2017 年，NRDC 的一项研究表明，致力于减少食品废物的公司，其投资回报能达到平均 14 倍。但在实现这个目标之前，这一小群升级再造的支持者仍需要让自己的羽翼更丰满一些。再生谷物的库尔兹罗克详细阐述了升级再造在哪些方面还可以改进。"它被当作一个概念，实质却被稀释了。同时它也未能被充分利用，价值被低估。在将升级再造的原料加入食品或用作掩味剂时，食品的风味也面临着挑战。"最后，因为升级再造的原料含有的麸质更少而纤维更多，所以被制成食品时往往需要添加其他面粉，才能更好地发挥效力。这意味着升级再造原料在最终产品中只占 5%—

10%，有时候甚至更少。

升级再造看上去未来可期，但我们故步自封的食物系统却很不情愿做出改变。萨拉·马索尼告诉我，她曾经从俄勒冈州政府获得了一笔拨款，用以研究将果渣（葡萄皮和葡萄籽）回收改造成食品的可行性。"我们找到俄勒冈的葡萄酒生产商，向他们了解相关情况，结果被他们嘲笑了。"我以为这是陈年往事，便问她事情发生在哪一年。"2019年，"她说，"比起再利用，把果渣直接扔掉的成本更低。"

不过，当我们搜寻食物系统中那些被遗忘的角落时，还会发现很多珍宝，而且超市的货架上，升级再造产品也在不断出现。这其中包括用可可果肉——可可荚果的白色外层——制成的饮料和水果点心；用残余的玉米胚芽制成的玉米脆片；用生产脱水水果时剩余的果汁制成的气泡水；用农场上熟过头的香蕉制成的香蕉块；用椰子榨汁后残留的椰子肉制成的椰肉干；用青香蕉皮和咖啡樱桃——成熟咖啡豆外层的红色表皮，通常被丢弃——制成的多功能面粉；甚至还有用蔬菜渣制成的一种新型香料。涟漪食品从盖茨基金会得到资助，用于研究利用油籽作物的脱脂粕生产植物奶的低成本配方。（涟漪同样在跟麦克休和她在美国农业部的团队一起合作。）这家位于伯克利的公司已经从蚕豆和油菜籽中得到了可观的结果，并希望它的这款产品最终能以低于豌豆奶的成本在超市出售。

价格是新型食品面临的最后一个障碍。这些食品需要变得更经济实惠以面向更广泛的群体，具备更多形式和风味来满足全球消费者的需求。否则，它们就将限于只供精英阶层享用——

那些人有闲钱，对未知事物好奇，有头顶道德光环的欲望。但就其价值而言，我对自己用钱袋和好奇心支持了这些创新感到愧疚。我想要相信变化会带来好的结果，我也讨厌浪费食物。可是，将加工原料转变为加工食品让我有些困惑。为了使升级再造的食品美味可口，里面加入了什么? 糖、脂肪、盐和调味品。Cheez-It 的奶酪饼干很好吃，但是我不需要它变得更诱人了。德雷克塞尔的多伊奇更讲究实际，他说:"在食物系统生产营养价值各异的食品的情况下，这些升级再造的产品也会有不同的营养价值。"

植物肉汉堡

只咬一口

　　2017 年，在它推出几个月后，我在旧金山的一家叫鸡冠（Cockscomb）的肉食餐厅吃到了我的第一个不可能汉堡。在稀奇古怪的鞑靼牛心和猪耳朵之外，主厨克里斯·克森蒂诺（Chris Cosentino）推出了他的"鸡冠不可能汉堡"。汉堡中夹着生菜、第戎芥末酱、格吕耶尔奶酪、裹焦糖的洋葱和腌酸黄瓜片。此前，主厨特蕾西·德·雅尔丹（Traci Des Jardins）被不可能食品聘用，出任产品推广，是她向克森蒂诺推荐了不可能的植物肉汉堡[①]。枕头似的汉堡面包上插着牙签，牙签上粘着带有不可能公司标志的小旗。这个汉堡硕大无比，如果有推荐食用的分量，这起码是其两倍大。我咬了一大口，牙齿撕开布里欧修面包[②]和一英寸厚的肉饼，质地紧密的粉红色中心露了出来。正如他们宣传的那样，这是一个会"流血"的汉堡，尽管它完全用植物制作。

[①]　德·雅尔丹所著的《不可能的食谱》（*Impossible: The Cookbook*）于 2020 年 7 月出版，这是不可能食品自己出版的图书。——作者

[②]　一种重油重糖的法国传统面包。——译者

除了比一般的牛肉饼更酥脆，这个肉饼完全能够以假乱真。

坐在我对面的杰茜卡·阿佩尔格伦（Jessica Appelgren）和善又健谈，是不可能食品的企业传播副总裁。她承认这个配方还需要改进。许多公司都在尝试用一个更环保、更道德的选择来替代美国人平均一周要消费的 2.4 个汉堡，不可能食品就是其中之一。"我们想要让人们形成习惯。"她欢快地说。我猜想她所说的"形成习惯"指的是与快餐成为习惯一样的方式——它是一种快速选择，是从有意识的决策转向基于外界暗示的自动化程序。毋庸置疑，快餐食品是世界人口健康水平下降的罪魁祸首之一。这里，不可能食品的营销信息是，不要考虑你吃进身体里的是什么，只需要想着你吃下去的东西对地球更有益。

这款植物制成的肉饼究竟是如何做到味道、口感和汁水都像真正的肉的？为了摸清底细，我开车来到加州奥克兰的一个工业区，里面有一个面积达 67 000 平方英尺的仓库。这是不可能食品的第一座制造工厂，2017 年正式投产，其前身是一家生产普通蛋糕和纸杯蛋糕的甜品厂。后来，当不可能食品的产品开始供不应求时，它与伊利诺伊州的食品生产商福喜集团（OSI Group）签订了合作协议，后者在全球 17 个国家运营着 65 座工厂。不可能食品的一号员工尼克·哈拉（Nick Halla）正居住在中国香港，主管着公司进军亚洲市场的事务，这是公司另一个进展。

阿佩尔格伦在大厅里等我，接着带我上楼到了一间空的会议室。这栋楼里几乎没有其他人。不可能食品的大部分员工都在雷德伍德城的一个不起眼的办公园区工作，园区位于两个大型回收中心之间。在我们等待的时候，她给我倒了一杯浓咖啡。很快不可能食品供应链的主管克里斯·格雷格（Chris Gregg）和工厂经理朱利安·格拉斯科（Julien Grascoeur）加入了我们。格拉斯科是一个高个子法国男人，他似乎很渴望向我炫耀厂里最新的组装线。在会议室小聊了一会儿后，我们穿上白色的实验服，戴上塑料护目镜，走进了工厂。

水泥地面一尘不染。黄线划分了工作区域，安全标志和危险警告都贴在与视线平行的地方。在工厂主楼旁的一个房间里，高高的金属架上堆满了装着原料的纸箱和大编织袋。我瞥了它们一眼，寻思着这些干的原料是怎样变成牛肉一般的汉堡肉饼，还能骗过肉食爱好者的。而此时，全程贴身陪同、寸步不离的阿佩尔格伦，突然变得像在执行"不可能的任务"一样高度紧张，她告诉我不要读上面的标签。

在主生产区域，不锈钢机器的桨叶搅动着植物的混合物。我鼻子缩了一下。这地方臭烘烘的，但我不确定臭味的来源。不可能汉堡肉饼是由 17 种原料组成的大杂烩，其中包括大豆组织蛋白、土豆蛋白等高度加工的成分，以及椰子油、葵花子油、核黄素和锌等添加剂。那么我闻到的到底是什么？是加热的机制造成的吗？还是把这些七零八碎变成植物糊糊的工艺流程产生的？我提了问题，但大部分没有得到回答，因为这些信息受到了专利保护。到目前为止，不可能食品持有大约 140 项专利，从提取和纯化蛋白质，到大豆奶酪、植物绞肉，再到转基因甲基营养型酵母——血红素分子的背后主谋。一会儿我会进一步谈谈血红素。

在这栋洞穴般的大楼里参观时，我忍不住地想到了"真实广告"类的法案。不可能汉堡确实会"流血",设备下面甚至流动着一条暗红色的小河。毫无疑问,气味就是从那里来的。接着我意识到,气味最有可能来自血红素,是它们让不可能汉堡肉饼在烹制时产生了美拉德反应——从红色变为棕色的焦糖化过程[①]。这个操作让我想起之前参观过的肉类加工厂——同样的气味,同样的杂乱,同样的阴冷——除了一个关键的区别:这里所流的血并不是真的。

汉堡为王

素食汉堡曾处于烹饪的荒漠地带,但现在它们被冠以一个更时髦的名字"植物肉汉堡"重新登场,并俘获了比尔·盖茨和沙奎尔·奥尼尔在内的诸多投资人的注意力。他们将钱砸进这些曾经平凡无奇、不受欢迎的肉饼自有其原因。2019 年,1/4 的美国消费者减少了肉类的摄入。根据植物性食品协会的报告[②],过去两年植物肉的市场规模增长了 29%,达到 50 亿美元。更值得传统肉类警惕的是,冷藏肉类中,植物肉(包括不可能食品和别样肉客的产品)的市场规模增长了 37%,而传统肉类的只增长

---

① 美拉德反应是食品中的还原糖与氨基酸 / 蛋白质在常温下或加热时发生的一系列复杂反应,其结果生成棕黑色的大分子物质类黑精。除产生类黑精外,反应过程中还会产生成百上千个有不同气味的中间体分子,包括还原酮、醛和杂环化合物,这些物质为食品提供了风味和色泽。它以法国化学家路易斯·卡米拉·美拉德命名,他在 1912 年首次描述该反应。——译者

② 报告以 SPINS 公司 2020 年 3 月 3 日发布的数据为基础,与好食品研究所合作完成。——作者

了 2%。

不可能食品和它的同行如今正在做的事，其实早有先例，只是前辈们不太成功。1896 年，基督复临安息日会（一个保守的新教教派，相信《圣经》提倡素食）的教徒引入了一种他们称之为 protose（意为蛋白质类的）的肉类替代品。Protose 用大豆、花生和小麦面筋制成，材料先被磨成浓稠的糊状，再与水混合，加入面粉增稠，接着蒸制、灭菌。这个过程跟如今的初创公司所做的差别也不是很大。

Protose 被装在锡罐里出售，分销商是巴特尔克里克食品公司（Battle Creek Food Company）。这家公司由约翰·H. 凯洛格（John H. Kellogg）创办，他是麦片食品巨头 W.K. 凯洛格（家乐氏公司创始人）的兄弟。1944 年，多产的美食作家克莱芒蒂娜·帕德福德（Clementine Paddleford）在《巴尔的摩太阳报》里对这些仿肉中的一种做了如下描述：

> 豆类汉堡肉饼是一种仿真肉，粉末状，食用的时候需要加水搅拌，做成肉饼的形状，再像汉堡肉饼一样用油煎。蛋白质的衍生物外加多种香料的绝妙混合，让这个由大豆粗粉、小麦粉、饼干粉和脱水洋葱组成的混合物，具备了肉一样的香气。如果想吃起来味道更好，可以对半搭配牛后腿肉饼。

1947 年，随着第二次世界大战结束，美国的肉类配给制度也走向尾声，纽约的华尔道夫酒店推出了一道用 protose 制作的餐前菜品——很有可能跟烘肉卷的形状相似，称其为"一次非同寻常的结合，味道非常受老饕们的欢迎"。它的调味究竟玩了什么花样，一时引发众人猜想。

在接下来的几十年中，也有人尝试提供牛肉饼的替代选择，但这些替代品味道寡淡，几乎不能成形，夹在面包中间也是如此。比起真正意义上的肉，它们更像煮过了头的蔬菜，这些产品没能征服任何人，天然食物商店之外的销量也是可有可无。在那个年代，从石油衍生的化肥推动着集约农业发展，人们需要种植作物喂养肉牛和奶牛，几乎没有人去关心种植所需的土地，除了拉佩。在 1971 年，她意识到全国农作物收成的一半都拿去喂了牲畜，于是宣称："一种以肉食为中心的饮食方式就像是在开凯迪拉克。"它将我们所有的资源吸进一项低回报的产品，并加剧了贫富分化。"那些需要谷物的人买不起它，所以最终牲畜吃掉了它。"仅在美国，就有 5600 万英亩的土地用来种植饲料作物，仅 400 万英亩的土地种植人类食用的植物。

不过，尽管有了这些新的诱人的仿肉，市场对动物肉的需求还是达到了前所未有的新高。更佳肉类（Better Meat）的首席执行官保罗·夏比洛（Paul Shapiro），在其发表在网站 Medium 上的一篇博文中说，虽然疫情促成了这些新的植物肉品牌创纪录的销量，但超市售出的新鲜和冷冻肉的 99% 仍旧来自传统动物肉。你可以算一算，尽管植物肉取得了很大进展，还是只占全部肉类销售额的 1% 不到。

汉堡是如此普遍而典型的美式食品，以至于人们很难会记得我们的国民爱好其实才始于 1955 年，那一年麦当劳开业。今天，从营收来看，麦当劳仍然是全球最大的快餐连锁企业，门店遍布 119 个国家。尽管它不再追踪每年要售出多少个汉堡，但网络上引用的一本旧的麦当劳员工培训手册上的数据显示，这个汉堡巨头"在一年中的每一天的每一小时的每一分钟的每一秒都售出超过 75 个汉堡"。可以肯定地说，其每年出售的汉堡达到了数十亿的量。美食播客《腹足动物》（Gastropod）的一期节目谈到，美国国家卫生统计中心的报告显示，目前全球超过 36% 的人口每天都会吃快餐。

人们吃下去的汉堡是如此之多，你很难忽视美式饮食已经传播到全球。从根本上说，我们应该为气候变化和健康状况下降的双重趋势负责。这样的认识驱使新一代的企业家重返汉堡行业。研究者估计，肉类替代品——通常叫作仿肉——的市场正快速增长。借助最新的食品科学，不可能食品以及它最大的竞争者别样肉客，推出了略有差异的植物肉汉堡。它们的目标是抓住全球对牛肉日益增长的需求，并为刚开始对植物性食品产生热情的美国人，提供一种他们吃起来不会感到内疚的"肉"。

改造出更好的汉堡

到目前为止，这两家公司募集到的资金量，足以支持一个小型国家运转一年。截至 2020 年 8 月，不可能食品募集到了 15 亿美元。在首次公开募股（IPO）之前，别样肉客已经筹集到至少 1.22 亿美元。而在 2019 年 5 月的 IPO 中，尽管有警告称这家公司或许永远不会盈利，别样肉客还是筹集到了 2.4 亿美元。为什么投资者愿意押注这些新一代的无肉汉堡能在别人曾经铩羽的地方取得胜绩？人们对于各种汉堡的痴迷向我们揭示了什么？

这两家大型汉堡肉饼制造商的创始人都是纯素食者，他们声称这么做是为了对抗气候变化，因为在他们看来，气候变化与我们对动物性食品的依赖紧密相关。帕特·布朗于 2011 年创建了不可能食品，他曾是斯坦福大学的一名生物化学家，也是享誉全球的遗传学家，有许多成就。他所发明的用以分析研究基因的 DNA 微阵列至今仍在使用。他称得上是光芒耀眼。当 2017 年 10 月 26 日去他的办公室采访他时，我显然没有对那场论辩做好充分准备——这也是我当时的感觉。

我们在位于雷德伍德城的不可能食品总部见面，那儿离旧金山不远。布朗一身硅谷工程师的随意打扮——卫衣加跑鞋。阿佩尔格伦坐在旁边，用笔记本电脑记录下我们的谈话。在场的还有公司首席传播官蕾切尔·康纳德（Rachel Konrad），每当布朗开始分享一些私密内容时，她就会看他一眼，然后打断他的话。

在斯坦福大学的一次学术休假中，布朗决定要做一件激进的事情，从而被人记住：结束人类对食用动物的依赖。布朗说，我们把肉和生产肉的动物混为一谈，这就是问题。在 Medium 上发表的一篇博文中，他写道："直到今天，我们知晓的唯一能将植物转变为肉的技术就是动物。"作为一个高效的人，布朗无疑是典型的科学家——追求确凿的事实、数据集、循证和效率。但在那之后激情将主导他，你能感觉到一种宗教般的狂热，充斥在他用有牛肉味道的植物喂养全世界的使命中。

据一名团队成员介绍，不可能汉堡的早期版本吃起来像是
"变质的玉米糊"。"我们现在的产品好多了，"布朗说，"6 个月
后还会更好。"当公司在美国中西部地区进行盲测时，他们为被
试者提供了两种看起来像肉的食品，不可能汉堡和另一种经典
的牛肉汉堡——80/20，由 80% 的瘦牛绞肉和 20% 的肥肉组成。
布朗说，那时一半的被试者更偏好植物版。根据不可能食品委托
的一项研究，当时的数据是 46%，接近一半。但当不可能汉堡
在快餐中正式推出后，这个数据很有可能达到一半以上。

在一些连锁店里，不可能汉堡已经击败了传统汉堡。鲜味
汉堡（Umami Burger）在全球拥有超过 27 家门店，不可能汉
堡位列其门店畅销榜前三名。这款汉堡中夹着两块不可能肉饼、
烤洋葱、素食美式奶酪、味噌芥末酱、"鲜味"酱汁、莳萝腌黄
瓜、生菜和番茄。再来看看营养成分：两块肉饼总共含有 480 千
卡热量、16 克饱和脂肪、38 克蛋白质，不包括酱料、汉堡面包
和薯条炸物在内。

没错，这些汉堡似乎对地球更友好。不可能食品宣称，跟
工业化生产的牛肉相比，它的汉堡在生产时使用的土地减少了
95%，使用的水减少了 25%，向大气中排放的温室气体也减少了
89%。甚至麦当劳也感受到了提高可持续性的压力，并承诺在
2020 年前杜绝牛肉供应链导致的人为毁林。作为工业化生产的
牛肉最大的单一买家，这家快餐巨头还宣称它要在 2020 年前审
查牛肉中抗生素的使用情况。不过，目前我还没有找到支持这两
项声明的数据。不可能食品能否扩大生产规模从而为麦当劳提供
汉堡，并保持其优异的环境数据，我们不妨过些时日再看。

近年来，营养学家一直在告诫人们需要对食品的加工程度更加小心。其中一种颇受关注的评价方法是 NOVA 分类系统，它将食物分成了四类：未加工或最低加工的食物，如种子、水果、鸡蛋、牛奶、真菌和藻类；经过加工的烹饪原料，如盐、糖、橄榄油和醋；加工食品，如面包、奶酪和熏肉；最后是超加工食品和饮料，如含糖汽水、冰激凌、汉堡和即溶汤。不可能汉堡落入了最后一类。创设 NOVA 分类系统的巴西研究者写道："这些超加工食品的普遍特征是过度适口，包装复杂而有吸引力，通过多媒体和其他激进的手段针对儿童和青少年营销，标榜健康，高利润，品牌和所有权归跨国公司。"不仅如此，还因为不可能汉堡共含有 17 种原料，每一种都由不同的公司生产，一些还是为了"模拟感官体验的添加剂"。

除了被归为超加工食品（不可能食品没人会乐意），不可能汉堡原料中最令人担忧的是血红素，这是由基因工程制造的。血红素是许多蛋白质的组成部分，也是动物肉（包括人类肌肉组织）的基本成分。它存在于肉类的肌红蛋白中，也存在于植物的豆血红蛋白中。不可能食品的血红素（昵称是 RUBIA），源自大豆的根瘤，是由转基因的酵母菌大量生产的豆血红蛋白。不可能公司将这些豆血红蛋白简称为"血红素"。就像动物中的血一样，血红素是红色的。这就是我在工厂地板上看到的红色水流。它闻起来像血，因为它确实是某种意义上的血，只不过不从动物中来。

几十年来，我们都在吃着由穿实验服的人创造出来的食品。如今的这股潮流并不新奇，但是我们真的明白不可能公司卖的是什么吗?

迪安·奥尼什(Dean Ornish)是一位心脏病学家和医学教授,他长期支持植物性饮食,写过多本有关医疗保健的书籍。对不可能汉堡,他提出了自己的顾虑。"这还需要更多的研究,"他告诉我,"跟植物的铁相比,红肉中的血红素铁更容易被我们的细胞吸收。"2014 年的一项前瞻性研究的元分析显示,当被试者摄入更多的血红素铁(仅来自畜肉、禽肉和鱼)后,患冠状动脉疾病的风险比摄入量更低的群体增加了 31%。这也是为什么大部分医生不赞成以肉食为主的饮食结构。我对不可能食品的疑问是,他们的血红素是否也会对人的心脏造成危害,而这个问题奥尼什没有回答。

尽管如此,奥尼什还是乐于看到市场上新产品的出现,"任何帮助人们转向植物性饮食的事物都很好"。然而,他也提出,如果在没有血红素的情况下也能制作出汉堡,就像别样肉客那样,为什么不选择这一条路呢?

跟不可能汉堡不同,别样肉客的汉堡肉饼中就不含血红素。当伊桑·布朗告诉我说他避免在汉堡中使用血红素时,还俏皮地称不可能汉堡使用转基因原料的做法"要么聪明绝顶,要么就是它的阿喀琉斯之踵"。别样汉堡的主要原料是豌豆蛋白,但别样肉客称它使用的蛋白质仍然未定,还在尝试其他的来源,例如绿豆、油菜籽和蚕豆。尽管别样肉客在其影响者营销中使用了职业运动员,但它的汉堡也属于超加工食品。

为了打消消费者对转基因原料的恐惧,不可能食品向 FDA 申请对它的血红素进行 GRAS 认证,这原本没有必要,但公司想要一个 GRAS 认证作为原料安全的证明。FDA 最开始拒绝了这个请求，称"大豆根瘤不是一种常见的人类食物"，不可能食品的产品"不具备食用的安全性"。于是不可能食品花巨资进行了另外一项研究，科学家每天用豆血红蛋白喂养大鼠，持续一个月，剂量是美国人平均每天从牛绞肉中摄入的血红蛋白的 200 倍。在回复给 FDA 的一份 1066 页的报告中，不可能食品称研究中没有发现任何副作用。然而就像我在本书前面指出过的一样，这是由不可能食品自己进行的研究，并不是一项独立的分析。

不可能食品为何要为了一个小小的成分费尽周折？这是因为这家公司正在开发的一整套产品线都会依赖血红素：鸡蛋、鸡肉、猪肉和鱼肉。除开食品行业的监管程序，公司有望将业务延伸到中国市场。但行业专家暗示，这或许会因为血红素而遇到挑战。而在美国本土，所有的拦路石都已经移开。过去不可能汉堡仅仅卖给厨师和食品供应商，现在它们在超市和快餐连锁店中出售，也出现在公司自己的电子商务网站上。在 2018 年末，FDA 最终授予不可能汉堡 GRAS 认证，清除了它被消费者接受的障碍。不可能公司用了更长时间，才获得将血红素用作着色剂的许可——血红素让汉堡肉看上去呈粉红色。

在调查分离蛋白的时候，我获悉罗尔斯顿·普瑞纳公司原来的大豆加工厂被杜邦收购，后者是一家著名的化学公司，以在河道中倾倒有毒物质而臭名昭著。此外，杜邦占据了全球 36% 的转基因大豆作物。鬼使神差地，这两个事实让我猜测杜邦是在跟不可能食品合作。当我在布鲁克林参加一个食品技术会议的小组讨论时，一位来自杜邦的科学家演示了在食品加工业中如何使用酶。我立刻精神一振！在问答环节，我问他杜邦跟不可能食品在血红素等新型原料上合作的情况怎样。他给出了不痛不痒的回答，说这是非常有趣的合作。下台之后，我向他打听两家公司在哪里制造原料。他最终透露杜邦在墨西哥的一个工厂里生产血红素。

在不可能食品的创始人看来，牛肉的风味取决于血红素。虽然每块汉堡肉饼的血红素含量仅为 0.2%，但是工作人员称没有血红素的汉堡尝起来就像一块蟹饼。血红素是一种催化剂，它能够激发出氨基酸、糖和脂肪酸的协同效应，从而在我们的味觉中形成"肉"的感觉。血红素也帮助不可能食品在竞争中脱颖而出，成为其吸引投资者的独门绝技。假如没有血红素，植物蛋白就不可能具有"肉"味，那么，那些不依靠血红素的植物肉公司又是怎么做的呢？

别样的布朗

跟不可能食品闪亮的常春藤科学光环相比，别样肉客更像一家潦倒的大学青年初创公司。它的总部坐落在加州的埃尔塞贡多，这是一个因炼油厂和探索一族合唱团（A Tribe Called Quest）的一首歌而闻名的海滨小城。别样肉客是过去 10 年间 IPO 规模第二大的初创公司。

伊桑·布朗（跟不可能的帕特·布朗没有亲戚关系）曾是一个身材健硕的运动员，他会在马里兰州的家庭奶牛场度过周末。凭借着哥伦比亚大学的 MBA 学位，以及在清洁能源领域积累的一些工作经验，同样是纯素食者的布朗希望证明"你不需要动物就能生产肉"。为了找到一种能够帮助他实现使命的技术，他梳理了相关的研究论文，并在 2009 年创办了自己的公司——最初叫作野性河流（Savage River），这也是他家奶牛场的名字。

早年，布朗和食品科学家罗扬铭（Martin Lo）合作，罗扬铭曾在布朗的母校马里兰大学担任教授。他们最早试验的是素鸡肉。这对伙伴希望能够复制出鸡肉的丝状蛋白质纤维，但这并不容易。在一本校友杂志中，罗扬铭记述："第一代产品就像是撕碎的破轮胎。"

最终布朗拿出了一款自己满意的产品，接着他花了好些时间将样品分发到美国中西部各地的菜店。"妇女们会走过来问我，'怎么样才能让我的丈夫吃下这款产品？'"在一次采访中（我前后对他做了多次当面和电话采访）布朗告诉我。他也把产品拿给家人品尝，包括自己十几岁的儿子——现在每周都会吃很多别样汉堡。

别样汉堡的生产包括了加热、冷却和压制在内的多个步骤，这些过程把植物纤维重新编织在一起。用这种方式制作一块汉堡肉饼只要两分钟，喂养一头牛却需要 14 个月。时间的长短，对这些创始人拯救环境的使命至关重要。他们喜欢指出动物在将能量转化为人类可利用的卡路里方面是多么低效——一头牛需要摄入 23 卡路里，才能转化成人体内 1 卡路里的热量（可供参考的是，最有效率的鸡，卡路里摄入产出比为 9∶1）。

不过，效率论的一个大问题是，它有悖于植物的生长规律。菠菜的生长时间是 6 周，番茄的生长时间是 3 个月。我不禁想到，我们是否正梦游般地走向一个这样的未来——食品一定要比其传统的同类成熟得更快？是否在某一天，那些不是分分钟长好或制成的食品，都要被我们统统拒绝？

毫无疑问，关于植物性饮食的争论会继续下去，还会有一大批公司将推出他们自己的汉堡和鸡块，但是将这些食品称为"植物"，就好比把一根瘦吉姆（Slim Jim）肉棒称为"肉"一样。虽然这么比喻有些随意，但当我得知瘦吉姆肉棒是怎么做出来的时候确实吓了一大跳。在 2009 年的一期《连线》（*Wired*）中，这本技术杂志报道："家禽的边角料经机械性挤压通过一个筛子，出来的肉形成一个粉红色的肉饼，骨头留在了筛子后面（在大多数情况下）。"这跟不可能"牛绞肉"的制作过程差别不大。两种产品都含有葡萄糖，这是一种能让细菌"休眠"的抗菌成分。瘦吉姆还使用亚硝酸盐来保持肉类的鲜艳颜色，不可能汉堡也为血红素添加了抗氧化剂维生素 E，让其在烹饪的时候也能保持粉红色。

它们是两种不同的产品吗？当然。它们是用相似的方法制作出来的吗？当然。

味道怎样

到去年秋天为止，两家公司的汉堡我都尝过好几次了。我还在一个拥挤的酒吧里和伊桑·布朗一起吃了别样汉堡。这个汉堡对半切开，因此能够看到肉饼焦褐色的边缘和粉红色的中心。当它在烤盘上吱吱作响时，我被俘虏了。大脑中的神经元和舌头上的味觉感受器告诉我它很美味，但大脑和胃却也为此争吵不休。我喜欢它，是不是因为它让人上瘾，就像所有的汉堡一样，是那些咸、甜、鲜的调味料的完美陪衬？被有意设计出来的美食通常都伴随着令人警醒的传言。当然了，多力多滋（Doritos）玉米片很好吃，奶油夹心海绵蛋糕（Twinkies）也不错。但是我应该每天或每周都吃吗？我怀疑。

说到汉堡的话题时，纯素食注册营养师金尼·梅西纳告诉我她前一天吃掉了一个不可能皇堡。我十分惊讶，但这位素食倡导者却认为大可不必。她很爱这款皇堡，但也说这是快餐，不是健康的食品。"我认为它们很棒，也很有意思，但它们不是我的正餐，只是偶尔的犒劳。"看到问题了吗？为了回报投资者，这些公司需要它们的汉堡在销售频率上远远超过"偶尔的犒劳"。

当我在家用平底锅烹制一款别样汉堡肉饼时，它在房间里留下了一股油炸食品的气味，厚重又油腻，好几天才消散。我拿它蘸了大量的第戎芥末酱和辣番茄酱吃。它确实很好地充当了我挚爱的调味料的载体。最后，它不好消化，就像真正的肉一样。在加州纳帕的戈特路边餐厅（Gott's Roadside），我点了不可能汉堡，把番茄酱和芥末酱淋到现成的生菜、番茄和美式奶酪上，搭配着肉饼，咬了一大口。不管你是睁着还是闭着眼，这都是一个令人信服的汉堡。

两款汉堡打动我的是它们的质地——纤维和脂肪真实的咀嚼感——这是大部分人希望从肉中得到的。跟从前的那些寡淡少味、烂糊一样的素食汉堡不一样，这些新型植物肉汉堡是极具说服力的肉类替代品。它们咸咸的，味道丰富。椰子油的馥郁油腻与动物脂肪旗鼓相当，大脑得到了一次"美味"奖赏的刺激，乞求着能够再来一记。

事实上，每家新型食品公司都赞同不可能食品和别样肉客为植物性食品如今这般令人兴奋的增长铺平道路。我也很想看到这股势头将如何发展。目前，我们拥有传统动物制品（牛肉、鸡肉和鱼肉）的各种仿制品，我们也拥有美式的、白人男性范儿的食品——汉堡。那么，未来我们还会看到一些超乎想象的食品吗？市场上会出现新的竞争者，为我们提供针对不同文化和种族的地域性食品吗，就像很多在亚洲已经存在的肉类替代品一样？我希望如此。

2019 年 2 月，不可能食品调整了它的汉堡配方，用大豆替换了小麦，这样产品就不含麸质了。公司在推广时将这款汉堡称为不可能 2.0，就像一个软件更新。2020 年 1 月，不可能食品在拉斯维加斯的国际消费类电子产品展上推出了它的最新产品——"猪肉"香肠。据《商业内幕》（*Business Insider*）报道，为了制作这款"猪肉"，不可能食品"微微调整了血红素的配方，以便更好地复制出猪肉不同于牛肉的黏性"。这么看来，不可能食品的血红素既可以让汉堡呈现从粉红到棕的颜色，使汉堡尝起来像牛肉，又可以改善"肉"的黏性。这听上去有些美妙得难以置信。

回到实验室中，不可能的团队正在着手改善"牛"排的风味。

长久以来，食品科学都参与了我们餐食的制作。今天的食品初创公司对他们的实验室投入了大量的资金，从多年的研究中取得了许多知识产权。他们为能否获得专利焦虑不安。而我所不安的是，这些公司因为投资人要求的专利产品而不愿意分享信息，即便产品就像日用品一般基础平常。我对帕特·布朗的问题，也是我对书中其他公司的问题：今天社会对于提高食品生产透明度的呼声，是否得到了重视？新技术是否成了食品生产过程的一块遮羞布？我需要具体的细节，来让自己确信他们的所作所为是为我的最大利益着想，但很难如愿以偿。

布朗并不想让信息不透明。"消费者必须知道他们从一个产品中获得了什么。材料是否敏感都不应该影响这条原则。"后来，坐在他的办公室里，他向我保证一旦公司获得了合适的专利，他就会分享公司的秘密。美国的专利申请程序通常需要两年乃至更长的时间，而不可能食品正在申请的专利有 139 项，甚至更多。

做保证轻而易举，但我仍然疑问重重。我发给不可能食品传播团队的邮件遭遇了阻力。他们指责我在"扒粪"和"钓鱼"。首席传播官回复："我开始怀疑，我们的数据是否会放在最合适的语境中，被公正地呈现出来。"我不过是问了关于原料和生产过程的问题，换作其他任何采访我也会这么问。这些问题的确不讨喜，但也不过分。最后，他们大概是因为我问了工厂的温度，就认为我是打算为这些汉堡建立产品生命周期分析。要知道，科学家即使拥有精密的实验室仪器以及处理数据的研究生助手，这对他们而言都是份艰巨的工作，何况我只是个孤军奋战的记者。

在这一切发生之前，当我和布朗以及他的传播团队坐在他的小会议室里时，他还保证"我们希望对制造血红素的方式做到开诚布公"。但是，它至今仍然是一个商业机密，而他曾允诺不会依赖秘密。事实上，一旦他选择将技术公开，投资者并不会收回投资。那天最后，布朗信誓旦旦地对我说："如果我们的产品比我们想要取代的还次，那么我们永远不可能向消费者出售。"这不过是另外一个"不可能"。在他拿出一份可信的营养学研究之前，一切都不能盖棺定论。

帕特·布朗想要"把肉当作一个艰巨的科学问题来对待"，他似乎也有无穷无尽的支票可以花在这上面。我当然希望他将财力和智慧用来解决糖尿病或肥胖症这些由食品巨头的阴谋诡计导致的健康问题。我看不出这些过度加工、高热量的汉堡能拯救任何人，除了牛，或许最终还有环境。然而，我们过时的食物系统的基本结构仍然没有改变，这一小撮新的素食产品继续维持着它。布朗所创造的，是食品巨头的硅谷版本，一台工业化的机器，它正在遍布全美国的工厂里大量生产植物性汉堡肉饼，或许很快还会在亚洲、欧洲以及其他地方开动。

垂直农场

算法创造的蔬菜

"你从未听到过有人说，'我爱羽衣甘蓝的口感''我爱嚼羽衣甘蓝''我爱它苦涩的味道'。"当我在参观空气农场（AeroFarms）时，阿林娜·佐洛塔列娃（Alina Zolotareva）跟我说。空气农场是一个位于新泽西州纽瓦克的垂直农场，面积达 7 万平方英尺。更糟糕的是，她继续说，他们一直听到顾客抱怨，羽衣甘蓝"很难"处理。"厨师们需要去除它的叶脉，切成小段，将它腌制变软，或者用酸按摩它。你得花相当多时间、相当多劳动，真的、真的很困难。"

她是对的，但她说的这些都不重要。羽衣甘蓝是沙拉类绿叶蔬菜之王。你每天只需要吃一杯，就能获得纤维、抗氧化剂（尤其是硫辛酸）、钙、钾、维生素 K、维生素 C、维生素 B_6 和铁，还能得到 3 克蛋白质。就这些属性而言，我们简直应该接受羽衣甘蓝静脉注射。

事实上，羽衣甘蓝我们吃得很多了。除了数不清的小碗餐连锁店，这种耐寒蔬菜还被用于麦当劳的一款西南沙拉，福乐鸡的一款羽衣甘蓝配菜沙拉，以及帕内拉的一款希腊沙拉。[①]但像空气农场这样的垂直农场——所有果蔬都生长在大型建筑里，地点通常在城市——却不是这些连锁店的供应商。

垂直农场公司并不想打麦当劳的生意算盘，他们谈论的是产品的安全——尽可能不被人的手接触，产品更可口、更新鲜，因为运输距离更短。如果垂直农场取得成功，我们会吃到全然一新的水果和蔬菜：更柔嫩、清甜的羽衣甘蓝，辣得恰到好处的芝麻菜，以及在冰箱里放一天也不会腐烂的西洋菜。人们今天在讨论未来饮食会变得更加个性化，也许某一天，农场也会根据个体需求，为我们量身定制蔬菜——这并不算异想天开。蔬菜包上的标签可以这么吹嘘：高钾降血压！

不过，垂直农场也有另一面。种植在这种高度专门化环境中的食物，营养价值跟那些生长在传统农场中的食物一样吗？这个问题涉及营养密度，以及那些我们尚未完全探索到的隐藏因素。具体来说，这些新型的无土栽培的羽衣甘蓝，跟传统的长在土里的羽衣甘蓝相比，对我们的身体同样有益吗？土壤中的微生物群对人类营养有何意义，以及它们跟植物根系之间如何互动，作物科学才刚刚开始探究。如果垂直农场成为生产新鲜食物的常态，我们会失去哪些对人类生存而言不可或缺，或者只是有用的互动关系呢？

另外需要考虑的一点是，一旦某种病原体侵入了一个室内环境，将很难控制。我们已经看到土里生长的食物被频繁召回，

---

① 福乐鸡（Chick-fil-A）和帕内拉（Panera）都是美国本土知名的快餐连锁店品牌。——译者

也看到由其引起的人体感染（特别是被大肠杆菌污染的罗马生菜），很难想象一个垂直农场遭遇大规模的病原体暴发而不得不召回数十万套产品的情景。（虽然我们可以假设，任何食物离开大楼前必须经过彻底的检测，但垂直农场里需要监测的因子很多。）从可持续性来看，这些大型工厂严重依赖电网（偶尔利用再生能源），使用昂贵的化肥，在数不清的一次性塑料盆里大量生产出昂贵的蔬菜，这样的生产方式又会有多环保呢？

回到过去的机器

垂直农场不是在一夜之间就闯入了我们的生活。第一位提出种植非应季蔬菜要求的人是公元 1 世纪的罗马皇帝提比略·恺撒，他的御医让他每天吃一根黄瓜，以"治疗一种帝王的疾病"。作为一种低调不起眼的瓜类作物，黄瓜却被开作处方，可能是因为它的高含水量——其中 96% 都是水分，而且它还含有纤维，包括果胶，这有助于改善肠胃的功能。无论原因如何，为皇帝全年种植黄瓜都需要园艺技术的创新，比如受保护的苗床，可以依据天气状况将其移往室内或室外，又如在寒冷的月份增加粪肥以提高温度，为作物增加热量，迫使其早熟和多次成熟。

作为仅为一人定制的极端做法，这些栽培方法直到 13 世纪早期才开始流行。它们在欧洲和亚洲传播开来，用以种植探险家们带回故乡的珍稀物种，例如柑橘、柠檬、石榴、香桃木和夹竹桃。在意大利，使用这些方法的建筑被称为 giardini botanici（植物园——温室的前身）。典型的温室是完全封闭的，它将热量锁在室内，也能通过机械方式加热。不过，它们仍然依赖土壤和阳光。

一时间，温室的数量激增，但事实上，直到 1929 年加州大学伯克利分校的科学家威廉·弗雷德里克·格里克（William Frederick Gericke）在《美国植物学杂志》（*American Journal of Botany*）上刊发了其研究成果，温室才正式开始受到重视。起初，格里克将注意力集中在了小麦上，他将小麦种在塑料盆里，持续供给水、营养物和几乎不间断的"阳光"——充满氩气的灯管每天 16 小时照射植株的茎部，通过这种方式，加快小麦生长。后来，他用这种方式栽培了番茄和其他作物。在一篇名为《水植：一种作物的生产手段》（"Aquaculture: A Means of Crop-production"）的文章中，他公布了对这种小众种植方法的最初命名。而当他了解到，从 19 世纪中叶开始，鱼菜共生（aquaponics）便在渔业中应用，他转而使用一位伯克利同事建议的术语：水培（hydroponics）。

在格里克的文章发表后不久，未来主义农业开始在世界博览会上闪亮登场。1939 年，在纽约的法拉盛草地公园，各个组织团体纷纷表达了对"未来"的愿景——那是一个食品生产自动化、农民不会弄脏双手的世界。为了展示其番茄酱生产基地，亨氏公司建造了一个水培菜园，叫作未来菜园，里面的番茄藤缠绕到了 10 英尺高。现已倒闭的博登公司（Borden），展示了它的全自动挤奶装置，转动吸奶机（Rotolactor）。鉴于"大萧条"刚过去不久，美国农业部将重心放在了促进食品生产上，其营养品展区上方的横幅上写着："人＝化学品＝食品"。杜邦紧随其后，也在兜售其科学智慧，称它的展区为"化学的奇妙世界"。作为一场娱乐盛宴，这届博览会的吸引力是当今任何活动都无法比拟的，大约有 4500 万人参加，我的祖母就是其中之一。

在我家的一个相框里，至今还放着一张黑白照片，照片上我的祖母紧挨着她父亲坐在博览会场外。她穿着格子裙，白色及膝袜，皮革运动鞋。她看起来是那么年轻，一点不像我记忆中的样子——满脸皱纹，灰色的发髻盘在头顶。我不知道她是否看到了那些未来主义的菜园，是否也排队购买了通用食品公司（General Foods）的新型冷冻食品。当我的祖父英年早逝后——他同样患有 1 型糖尿病——祖母又回到了学校，而后成了园艺师。在她位于加州范纽斯的家中，她照料着世界上最美丽、最美味的番茄。

20 世纪 70 年代，室内农业作为一种应对未来粮食短缺的方式得到了发展，专家们预测短缺即将到来，警示的预言被主流媒体大肆渲染。今天，一个类似的问题引发了同样的担忧："到 2050 年，我们如何养活 90 亿人口?" 20 世纪 70 年代美国农业部的一份报告赋予了室内农业一个正式的名称："受控环境农业"（CEA）。报告的作者，农业经济学家达纳·达尔林普尔（Dana Dalrymple），对温室食物生产的远景有浓厚的兴趣。他规划了产业的路线图，论述了 CEA 应如何调节不同的生长因素，包括温度、光照、空气的流动和成分，以及根部介质等。"通常来说，在二氧化碳和光照都充足的情况下，温度越高，光合作用的速度越快。"他写道。

尽管今天的 CEA 或许比达尔林普尔所能想象的更先进，但其基本原理实际并无差别。种子播撒在盆栽介质中，这些介质可以是椰子壳、稻谷壳、大麻纤维，甚至是合成材料。作物在温暖的密闭环境中发芽，接着被长时间放置在生长灯下度过接下来的阶段。跟时长和强度都不断变化的阳光相比，室内光源创造了一个持续的生长周期，光谱能够依据种子状况无限调节。除了频繁的光照，工作人员还用营养丰富的溶液给作物施肥，模拟其在室外环境中从土壤或肥料中获得的营养。不同的作物对应着不同量的氮、磷和钾。因为室内环境能够加速作物生长，室内农场比传统农场收获的频率更高，食物（通常）在产量和风味上更稳定。一些室内农场报告的产量能够达到传统土培农场的 350 倍——这个数字足以吸引投资者。当你得知黄瓜、西红柿与香草是温室种植的三大作物时，或许也就不会奇怪了。

低成本的照明是 CEA 一路高歌猛进的最大原因。2010 年，受照明技术进步和设备费用降低的双重刺激，产业迅速扩张。这样的态势激励技术企业家一头扎进农业这个并不会带来短平快的投资回报的领域。机器人、人工智能、计算机视觉，以及为世界提供食物的承诺引起了他们的兴趣。但 CEA 能否为全社会改善食品安全、延长食品保质期、提升食品品质，而不只是针对有钱人，还有待观察。

LED 照明推动了垂直农场的激增，但也是其最大的运营成本，原因有二：不间断照明需要耗用能源；照明产生热量，给室内降温同样需要能源。植物在生长过程中会发生呼吸作用，因此室内农场需要处理环境中的湿度问题。在那些植物密密麻麻、层叠堆积的空间里，气候的调控错综复杂，这就需要配备昂贵的供暖、通风与空调（HVAC）系统来流通空气和降低温度。2014年，一份来自普渡大学的报告中，维克多·门德斯·佩雷斯（Victor Mendez Perez）提出了一个假设，如果美国的农业全部采用垂直农场的生产方式，照明所需电量将会是美国目前所有电站每年发电量的 8 倍。而另外，相比传统农场，垂直农场用水量减少了 70%～80%。

　　室内农场如此依赖可靠的廉价能源，研究者们怀疑企业家是否已经找到了合适的形式和运行方式将其推行到全球——是选择当地的航运集装箱、空的城市建筑，还是大型的仓库进行种植？这些都亟须讨论。太空是极具意义的前沿领域，自 2001 年以来，NASA 一直在向太空运送幼苗。利用自动控制水分和光照水平的简易种植箱，NASA 在国际空间站中已经执行了 20 多项独立的农业实验，其中包括种植一种鲜为人知的日本生菜——水菜。2014 年，第 40 长期任务组宇航员们种植了红色的罗马生菜。它们被冷冻并送回地面检测。2015 年，第 44 长期任务组宇航员们被允许采收并食用这些生菜。剧透警告：没有负面健康影响的报告。2020 年，《植物科学前沿》（Frontiers in Plant Science）上发表了一项关于太空种植生菜安全性的研究。这些生菜中没有发现致病性微生物，营养价值和在地球上种植的生菜相当，尽管在一个低重力和辐射更高的环境中生长，但食用还是安全的。虽然 NASA 对这种极易种植的蔬菜兴趣浓厚，但传统土地种植的罗马生菜却因为污染屡次被召回，连垂直农场也都避之唯恐不及。

　　虽然达尔林普尔的报告是在 50 年前写成的，但他对这个领域的展望放在今天也不过时：

环境控制的可能性将高水平的温室食物生产置于跟工业生产并驾齐驱的位置。但是这并不意味着问题得到了解决，相反，远远没有。虽然一些与天气相关的不确定性因素会被弱化，但取而代之的是经济的不确定性因素和高昂的经常性开支、沉重的运营成本，以及一个高度不稳定的市场等困难。因此，问题没有减少，只是略有不同。

凭借产业巨头源源不断的投资，CEA 似乎将基业长青，然而，它们的财务增长却极其缓慢。根据 Statista 公布的数据，2019 年垂直农场的市场价值达到了 44 亿美元。这个全球性的数据库估计，到 2025 年，这个数字将升至 157 亿美元，其背后的原因是对有机食品（一个被传统农夫诟病的标签）需求的增长，以及密集型城市人口的增加。但是关键问题悬而未决，产业又开始面临人员更替。许多农场都存在着财务问题。据路透社报道，按照法院的数据，2019 年一共有 595 家 CEA 农场提交破产保护申请。在更多的农场扩大规模之前，到底什么是 CEA 最合适的形式 —— 大型、中型，还是小型 —— 仍然没有定论。更重要的是，这个产业是否最终能够惠及最需要它的群体 —— 那些食品安全没有保障、居住地新鲜食物供应受限，或者所在社区没有可耕地的人，还留待验证。

是气培法，不是水培法

初创公司通常不会有 2.38 亿美元的融资，因此我坐的地方其实不像一家初创公司。但眼前这些墙壁确实是砖砌的，房间是开放式布局，厨房里有免费的食品——仅仅缺了豆袋懒人沙发和桌上足球。我到这儿来是为了品尝蔬菜，这是空气农场到目前为止唯一出售的产品，虽然公司 2011 年就开始了经营。我尝了羽衣甘蓝嫩叶，它们有多汁的茎部，小的微微卷曲的叶子。之后，我又尝了埃塞俄比亚芥，它们的茎部更粗，叶子呈暗绿色。那些轻若羽毛的羽衣甘蓝嫩叶吃起来甜丝丝的，埃塞俄比亚芥有辛辣的味道和轻微的胡椒味，娃娃菜则是甘甜水嫩。为大众口味生产的嫩芝麻菜，却没有它们通常令人愉悦的口感，让我有些失望。

植物育种，这项通常需要花费几十年时间的工作，正在空气农场的室内全面推进。根据公司的首席执行官大卫·罗森堡（David Rosenberg）介绍，公司团队过去一年就测试了近 1000个品种。在市场营销的身份之外，佐洛塔列娃（本章一开始评论羽衣甘蓝的那位）还是一位注册营养师和超级味觉者，这意味着她的味蕾能够接受更多的苦味。她递过来一杯两盎司的专供全食超市的微型蔬菜，称它们有"超高的营养密度"。这些蔬菜越快收获越好。我捏起这些娇嫩的三叶草形状的叶子，将头微微后仰，以便我的嘴能够接住它们。就像一个朋友描述的那样，这些植物是镊子食物——点缀在一盘奢侈的菜的顶端，在最后时刻才放上去。

公司团队找到了一种能快速生长、易于收获的蔬菜品种。只需要 14 天，成熟后的蔬菜就能被放到传送带上，送入切割机，机器会自动将它们切成几英寸的大小。接着，工作人员将它们转移到冷却传送带上，以减弱蔬菜的呼吸作用，延长保质期。最后，蔬菜经由手工包装进塑料杯。在亚马逊旗下的全食超市同意销售这种产品之前，买家要求蔬菜中有更多的紫色品种。作为回应，空气农场增添了红色卷心菜芽，它们实际是紫色的。在我们如今这个颜值主导的世界里，更多生动活泼的颜色意味着更好的销量。

空气农场采用了气培法，幼苗不是种在土壤或盆栽介质中，而是由机械种在一条看上去舒适的毯子里。这条柔软、毛茸茸的编织物是由回收的塑料瓶制成，能够反复利用。这种可持续的优势让我相当欣赏。为了让作物向上生长，水和营养物被雾化后喷洒在幼苗的根系上。这一装置被注册为美国第 8782948B2 号专利。第一次看到这些根系时，我难以置信地眨巴着眼睛。它们洁白无瑕、质朴清新，跟我见过的任何生长在泥土中的根系都不一样。空气农场里宽阔的塑料苗床上方，悬挂着一排排 LED 灯管，灯光能沿着色谱调成不同色调。在植物生长中改变照射光的色调——例如从红光到蓝光——能够影响植物的风味、颜色和质地。关于哪种类型的室内种植方式用水最少，目前尚无定论，但气培行业喜欢自称，相较于其他水培方式，他们还能减少 40% 的用水量。但其他行业的人都会认为这个数字多少有点浮夸。

室内农场公司哥谭绿地（Gotham Greens），从纽约布鲁克林绿点的一块屋顶上起家，也报告了不可思议的低用水量。其首席执行官维拉杰·普里（Viraj Puri）称：“我们生产每棵生菜使用的水不到 1 加仑。”而在传统农场中，种植一棵生菜的用水量超过了 15 加仑。哥谭绿地的第二个温室搭建在布鲁克林格瓦纳斯一家全食超市的屋顶上。距离消费者几步之遥的销售渠道相当完美。到 2019 年末，哥谭绿地管理着分布在马里兰、罗得岛、伊利诺伊等 5 个州，总面积超过 50 万平方英尺的温室。

垂直农场种植的蔬菜比土壤种植的贵，通常每份多 1 美元，我并不认为这样能让人们吃更多生菜。如果空气农场能够获得多层级的技术，扩大生产规模以降低每片生菜叶的价格，把农场建造在有需要的地区，并让产品能够在一系列零售店里销售，那么空气农场、哥谭绿地以及其他类似的 CEA 将重塑农业。但事实上，考虑到生产每一口美味又营养的食物背后，都需要付出艰辛的劳动和汗水，我并不认为我们的食物就应该更便宜，所以我想，是否这些获得丰富投资的初创公司能够以不同的价位销售他们的美味蔬菜，从而惠及每个人？政府是否可以允许医生开具新鲜食物的食疗处方①——由健康保险机构来买单——适用于任何有需求的人？

每个创始人都告诉我，他们希望改变人们对于新鲜产品的认知。他们称，人们不买水果蔬菜的原因之一是它们太容易腐烂。事实上，我一直饶有兴趣地关注着食品技术中的一个小众领域——如何让我们的食品避免被缩短保质期的因素影响，如自然气体、空气和湿度等。这个领域中，获得投资最多的是果皮科学公司（Apeel Sciences），你能够在克罗格超市里看到穿着果皮

---

① 蔬菜处方（VeggieRx）是一个帮助饮食相关疾病患者的项目，从 2019 年开始在芝加哥开展。病人会从初级保健医师和营养师那里收到处方，从而每周得到一包蔬菜和水果，以及烹饪教程。新冠疫情导致了这方面需求的陡增。——作者

科学外衣的牛油果、柠檬和芦笋。这家位于圣巴巴拉的初创公司生产了一种可食用的保鲜涂层，能使涂抹的水果和蔬菜比未采用任何措施的同类产品，保质期延长几天至一周的时间。这种涂层由存在于果皮、种子和果肉中的脂质和甘油脂质（像是脂肪酸和甘油）制成。果皮科学的首席执行官詹姆斯·罗杰斯（James Rogers）推测，一旦像果皮科学这样的公司以及垂直农场能够延长食材的保质期，那么他们就将突破包装食品公司对大众消费习惯的掌控，并减少引起我们长胖的零食的销售。

主厨的诱惑

当我在空气农场测评蔬菜的味道时，公司的联合创始人马克·大岛（Marc Oshima）坐在我对面。如果我曾怀疑过大岛的公司能否成功，那一定不会是因为他缺少努力或投入。每次我在食品会议中碰到大岛，他都始终如一地敲打着笔记本电脑键盘，或是处理两部手机上的信息。如果他不是在工作，就是在去工作的旅途上。

我小心翼翼地嚼着这些刚摘下来的蔬菜，这时大岛开始将话题绕回到烹饪界对其产品的看法上。"我们从时尚达人、专业买手和明星主厨那里得到的反馈大多都是：'我感到我的味觉被唤醒了！'"富人优先的这个策略让我想起许多初创公司是如何进入市场的：说服高端主厨使用产品，接着往下移动到快餐、简餐和超市、菜店，如果有可能的话，最终到折扣店、杂货铺和一元店。

　　2014 年，当我第一次参观空气农场时，公司还只是在一座建筑里种植蔬菜。建筑的前身是一家夜总会，黑色墙壁上涂满了夜光涂料，巨大的白色苗床培育着处在各种生长状态中的幼苗。我跟团队聊了一会儿，和他们一起吃了午餐——一大份公司自制的沙拉。这算不算从垂直农场到办公桌？ 2019 年 11 月，我长途旅行回到了纽瓦克。这次是为了看一看空气农场名为罗马 212 号的商业农场，它占地 7 万平方英尺，此前是一家钢铁厂。参观农场时，我看到塑料薄膜悬挂着，保护高高的产品托盘，防止植物生长空间被挤压到一起。这座建筑虽然宽敞，但若是跟一个待建的新农场相比，它仍然会相形见绌——坐落在弗吉尼亚州丹维尔的面积达 15 万平方英尺的建筑。公司许诺将"彻底改变农业"，提供"安全种植的产品，并具有顶级的风味"。要运营一个如此规模的农场，将会需要数不清的工程师远程遥控，但现场只需要 92 个人来种植和收获。

　　为了经营这些大规模的农场，空气农场的工程师们正在开发相关的计算机代码——算法——为管理生长周期、LED 灯、营养物输送、水分和收获时间等提供辅助。凭借机器学习，随着更多信息反馈到数据库中，算法也会不断改进。现场的（人工）种植者会确认传感器的警报——软管阻塞、营养不足和照明故障等——这是必要的反馈回路，但终有一天这样的人工劳动也会结束。在垂直农场，算法已经开始运筹帷幄。但它们也是公司高度专有的。

　　在我们去农场前，我不得不让大岛相信，我并不想去查看他的算法，这门技术我很难仅仅瞟一眼就偷走或掌握。我也向大岛保证，我对那些底层代码兴趣寥寥，更在意的是农场如此依赖技术这件事。例如，每一种蔬菜都有自己的算法吗？或者说，一种算法针对喜凉的蔬菜，另一种算法针对喜暖的蔬菜？我的脑子里塞满了这些可能性。大岛笑而不答。相反，他告诉我这些蔬菜有望成为一个价值 80 亿美元的产业。随后，我们结束了试吃活动，驱车前往两公里外的罗马 212 号。

在出发的路上，我还是很饿，于是就自己拿了一些免费的坚果。

植物魔笛手

"我喜欢这些产品。我真的觉得它们很好吃。"当我问萨姆·莫甘纳姆（Sam Mogannam）如何看待他售卖的普伦蒂公司（Plenty）种植的蔬菜时，他发短信告诉我。莫甘纳姆在旧金山拥有小型连锁美食店拜瑞特（Bi-Rite）。拜瑞特里出售的每一样食物都是珍馐美味——美味得甚至让人下不了口。"我不太赞成为运营这些种植设施而使用大量能源，对那些输入的营养物也有些担忧，但它们在节水、风味和质量方面确实令人称赞。我也确实认为，那些缺少肥沃的土地来种植蔬菜的地方，对这项技术的需求更大。"

我居住在加利福尼亚州。尽管存在着极端温度、森林火灾以及旱季，但获得肥沃的土地于我们来说还不成问题。根据加州食品和农业部的数据，加州供应了全美 1/3 以上的蔬菜，2/3 以上的水果和坚果。这正是普伦蒂选择在旧金山湾区开店的真正原因，它想要跟最顶尖的农产品正面交锋。这里距离硅谷和它火热的就业市场只有一小段车程。

普伦蒂的团队中没有一个农民，但一些职员的头衔中带有"种植者"。公司位于旧金山南部，旧金山机场以北，现有 300 名员工，团队还在迅速壮大。这其中包括很多工程师（一些来自特斯拉）以及数量过多的招聘人员。要组建一支能在四壁之间建立农场的团队并不容易。普伦蒂筹集到的资金是空气农场的两倍（5.41 亿美元），但融资的轮数更少。杰夫·贝索斯（Jeff Bezos）是投资者之一。公司内敛谦卑的办公室并没有流露出新贵的气质，直到你看到一只只黄色的机器人手臂，坐在一群身价不菲的工程师边上旁听会议，或是听取员工讨论着叶片的宽度和形状、茎部的长度，以及他们叫作"塞牙"的话题，这是指留在你牙缝中的食物残渣的多少。当使用洗手间时，我注意到里面还配备着牙线和漱口水。

我并没有被带领参观普伦蒂的第一个农场金牛座，那里仍然需要人工，还在生产公司销售的大部分蔬菜。相反，公司当时的工程主管带我逛了几乎全自动运营的底格里斯农场。我摘掉首饰，拉上蓝色连体衣的拉链，在运动鞋上套上靴子，又戴上发套。我们走进去，站在这个大型的仓储式建筑的一角，这里还有能够利用的空间。我们从生长环节的初始端开始。种子被自动种植在无土盆栽介质中。一个农民或许会迫不及待地炫耀他健康的土壤，但是在普伦蒂这里，盆栽介质却是专利。里面所含的材料可能会是：无味的椰子壳碎片、珍珠岩和泥炭藓。黑色的盆栽托盘沿着传送带进入一间孵化室，这里极其温暖（房间的确切温度是"商业秘密")、无比明亮,这样的环境——感觉就像八月的棕榈泉——将加速种子生长。

孵化室被一层层厚重的黑色防水布遮盖,在进去之前,我戴上了一副巨大的黑色太阳镜,以保护我的眼睛不被刺眼的白光伤害。镜片非常暗,以至于除了沉闷跳动着的光晕,什么都看不清。当我把太阳镜放低想要瞥一眼时,我感到自己简直是在直视太阳。

在这个"圣殿"里待够8～14天后,这些植物会被快速转移到一个操作平台上。在那里,它们被机器人手臂种植在7～13英尺高的塔架中,每座塔架能容纳40～150株植物。另一只黄色的机器人手臂会把完成种植的塔架放置到头顶的滑索上,将这些植株移动到它们最后的位置——一个很少允许人进入的生长室。就像一间满是新生儿的病房,它也有一扇硕大的窗户,像我这样的来访者能够透过玻璃窥视这些新生命。

如果你在网上搜索"垂直农场",你就能看到这些标志性的图片。LED灯闪着粉紫色的亮光,塔架和其他框架洁白纯净,一排一排完美无瑕的蔬菜从细小的开口处涌出来。这跟通常高度浪漫化的理想农场形象差异甚大:那里鸡群咯咯叫,自在地啄着虫子,蓬松的胡萝卜叶子铺展在肥沃的黑土地上,大黄蜂嗡嗡地飞来飞去为花朵授粉。

丽兹·卡莱尔(Liz Carlisle)是《地下的扁豆》(Lentil Underground)的作者,加州大学圣巴巴拉分校农业生态和可持续食物系统教授,关于传统农耕的好处,她要说的有很多。"我完全不能想象,农耕的益处能在无土栽培的环境中复制出来。我也并不认为，我们现在完全掌握了土壤和植物与我们肠道微生物之间的联系。"

另一位土壤的支持者是达芙妮·米勒（Daphne Miller），她是加州大学旧金山分校的临床医学教授，对生态学也颇有兴趣。米勒告诉我，植物在无菌环境中不会像在微生物富集的土壤中生长得那么好。"一份生机勃勃的土壤会带来迥然不同的效果，"她说，"在土壤中种植作物最重要的论点是，我们有着大量可以种植食物的土壤，只是我们滥用了，种了差劲的东西。"

目前，支持这些专家观点的长期研究尚未问世，但数不清的医生提倡在饮食中多吃有机产品。水果和蔬菜生长在盆栽介质中并被施予人工肥料，是否等同于有机，仍然存在争议。迈克尔·格雷格也是有机产品的支持者之一，他用水杨酸的例子来阐释自己的立场。水杨酸是常见止痛药阿司匹林的活性成分，也是一种有抗炎作用的植物化学物。在植物体内，这种成分是防御性的激素，当饥饿的害虫出现后，植物中水杨酸的浓度就会增加。"施用农药的植物不会被虫子咬得那么厉害，也许正因为如此，它们产生的水杨酸更少。"他写道。这种在水果和蔬菜中少量存在的微量营养素，能够帮助我们的身体控制炎症。

2014 年，《英国营养学杂志》（*British Journal of Nutrition*）发表的一篇综述分析了 343 篇同行评议的有机食品论文，发现有机植物能够产生更多的酚类和多酚类物质来抵御害虫，进而孕育出更高浓度的抗氧化成分。其作者认为："有机水果和蔬菜与传统农产品相比，所含的抗氧化剂要高出 20%～40%。"系统性健康是一种全局性的观点，认为我们做的和吃的一切都对根本的健康有用，但垂直农场的创始人却很少考虑到这一点。他们更关心的是把人从方程式里移开，并缩短新鲜食物的运输路程。

我们在一栋大楼里就能够复制出传统农耕历史赋予我们的一切——这种想法匪夷所思。如今，我们距离食物和水的源头已前所未有地远；而认为"任何问题都可以用钱解决"的美国投资者文化，正在扩大这个距离。再生农场解决的问题——土壤改良、地球健康、动物福利和人类营养——也值得投资者关注。也许在这里运用他们的经商智慧，也能够获得投资回报。两种解决方案都有价值，都可以应用在最合适的地方。

回到有机食品的争论中：埃默兰·迈耶（Emeran Maye）也赞同有机食品中含有更多的多酚，它们对人体有抗氧化的好处。迈耶是一名顶尖的研究员和临床医生，专注于大脑-肠道菌群互动，他相信基于土壤的有机农业促进了更大的生物多样性——植物、昆虫和微生物——这为我们的肠道菌群所依赖。一旦我们除去这样的反馈循环，会发生什么呢？

内特·斯托里（Nate Storey），普伦蒂的联合创始人和首席科学官，在我们的对话中附和了农耕的重要性。"我们不是在与耕地竞争，我们只是在填补供应和需求之间的缺口。外界正在将我们这一行业歪曲为与农耕对抗。这不是事情的真相。耕地已经被消耗殆尽了，所以我们需要建造更多的耕地，而非对它们施加压力。"

但是再生农场并没有枯竭，在那里，土地得以恢复，氮被固定到土壤中，植物（还有昆虫）生命丰富多彩。一些研究显示，这样的方式——农场保持高产同时环境影响极其轻微——

能够维持世界对粮食产量不断增长的需求。再生农场中不可或缺的是豆科植物和多年生作物，豆科植物有利于轮作，多年生作物有益于复种——在同一块土地上种植多种作物。考虑到所有这些因素，再生农场能够显著缩小工业化农业和有机农业之间的产量鸿沟。如果我们转移农业补贴，将资金投入这些更好的土地管理形式中，这条鸿沟能够进一步缩小。普伦蒂的斯托里或许也是正确的。他的机器人蔬菜是否能够补充现有的和改善后的生态系统呢？

并非所有的主厨都像丹·巴伯那样博学多识。他所写的《第三餐盘：未来食品的田野笔记》（*The Third Plate: Field Notes on the Future of Food*）是一本关于我们未来食物系统的指南。全书总汇为一个词：风味。我们还没能生活在巴伯的理想愿景中，但是主厨本人对此已有深刻洞见。他最近推出了自己的种子生产线——第 7 排种子公司（Row 7 Seed Company）。巴伯的兄弟大卫，经营着一家食品和技术风险投资基金——年历洞察力（Almanac Insights），这家基金也是能值食品（本书第 2 章所提到的菌丝体公司）的投资者之一。尽管存在这层关系，作为主厨的丹·巴伯并不认为技术是我们的救世主。"在城市中心，垂直农场确实有一席之地。"他说。但接着以同样的语气补充道："但我不是垂直农场的支持者。"

"这些美元都去哪里了？从创建更健康的环境和生产营养丰富的食物，转向了一个简化的从 A 到 B 的农业系统。如果不是他们之前标榜自己会拯救世界，我也不会有任何异议。我们既有的食物系统和农业经济在以灾难性的方式运转。但这不是必要的，我们有办法证明这一点。"他说。

鉴于这次对话，我不断地回到垂直农场生产的羽衣甘蓝上，也许是因为它跟我最熟悉的那些羽衣甘蓝太不相同，我几乎每天都吃厚实、可口、深绿色的拉齐纳多羽衣甘蓝（我必须得除去它的叶脉）。我对普伦蒂的探访，是从试吃一批蔬菜开始的（它们只能用"嫩"形容）。我坐在一个叫千穗谷（Amaranth，一种小的圆形的无麸质谷物）的会议室里，身边是公司的种植者、产品经理和质保团队。我们安安静静地咀嚼着一批试验的芝麻菜。团队希望这次试吃能够决定这批菜是否适合上市。他们觉得它们过于清淡和水润。最终，普伦蒂的芝麻菜准备好上市了。2020 年 8 月，普伦蒂在阿尔伯特森超市的 430 家门店里推出了芝麻菜和其他三种蔬菜。

当普伦蒂公司的团队为产品制作装配线时，重型设备需要重新设计来适应蔬菜，这是在烧钱。我不知道普伦蒂公司的资金消耗率是多少（需要多少现金才能让农场一直运转），但是毋庸置疑，这个数据很关键。除了旧金山南面相邻的两家农场，这家初创公司的第三家农场正在洛杉矶的瓦兹破土动工，它将于 2021 年晚些时候建成投产。这栋翻新建筑的面积将达到 94 875 平方英尺，可以为更多的蔬菜种类提供更开阔的生长空间。普伦蒂的团队发现，从显示消费者购买情况的销售数据来看，洛杉矶的消费者购买混合蔬菜沙拉的速度比美国其他任何一座城市的消费者都快。"他们真的喜欢当地的蔬菜。"普伦蒂的首席执行官马特·巴纳德（Matt Barnard）说。

在签署保密协议后，我获准旁听了一场 1 小时会议，内容是关于普伦蒂在洛杉矶的选址。后来我又得到了将会议内容在书中写出来的许可。十多名工程师围坐在一张长会议桌四周，参加电话会议的人更多。会议的主题是照明设计，几乎全是男性的团队讨论了照明组件的三种设计方案，权衡了每种方案的利弊，包括这些设备需要多少空间，以及是运输完整的成品还是在现场搭建。

灯光如何使用——光谱、响应性和色调的调节，传感器和植物之间的反馈回路——说明了高科技农场分析了哪些数据。在了解公司新设施的建设情况后，我也明白了普伦蒂（也有空气农场）工作进展缓慢的另一个原因。"过去两年中，我们建成又拆掉农场，反反复复十几次。现在我们每一天都有显著的进步。"斯托里告诉我。为实现目标，团队持续地迭代——重复反馈过程，不断修正。他们做的决定越多，公司的效率越高，利润也越丰厚（按照普伦蒂的说法）。

普伦蒂有很多信息本可以秘而不宣，但他们给我的权限却比大多数公司都多。这包括跟首席执行官马特·巴纳德的会面，我们谈话时，他把一小碟普伦蒂的蔬菜当作零食。在回答我问题的间隙，巴纳德将一把不加任何作料的混合蔬菜叶卷成雪茄状的一小捆，送进嘴里。他炫耀了他们已取得的丰硕成果。"我们削减了农场 80% 的能耗。"他说。为此公司使用了更优质的 LED 灯，还削减了农场 85% 的人工劳动时间。这是"推高食物价格的两个最重要的指标"。第三重要的是一次性塑料容器。

尽管高容量的室内种植必须紧抓这些细节，巴纳德还是确定普伦蒂一定会盈利，以足够的回报让投资者满意。我问他，公司的投资者要用多少年才能收回成本。"在投资者觉得有吸引力的几年内。"他含糊其词地说。当我再次追问时，他勉强称"不到 10 年"。10 年是投资者获得投资回报的通常期限，但这看上去仍然是个艰巨的挑战。空气农场的 10 周年纪念是在 2020 年，但公司称只有在弗吉尼亚的工厂开工以后，才能盈利。

倘若垂直农场能够零污染地种植蔬菜，那将是我们的一大幸事。从 1973 年到 2012 年，美国一半以上的新鲜农产品相关公共卫生事件是由蔬菜引起的。这一数据来自阿肯色大学的一项关于室内植物组织中病原体的研究。我采访了其中两名研究者，希望了解到更多信息。吉娜·米斯拉（Gina Misra）是一位分子生物学家，目前她与蓝色星球空间研究所（Blue Marble Space）合作从事室内农场的教育和外展服务，她告诉我为研究收集资料相当困难。"我对全美微型绿色植物种植者做了调查，大型供应商不愿意回答，这很难，他们害怕竞争，不愿意分享任何信息。真的是有些偏执。"

没有人愿意承认错误。到目前为止，我们所知的大多数被召回的产品都是来自耕地，但是这些公共卫生事件中的细节却从未公开。"他们不会分享数据。"米斯拉说。这么做很大程度是为了保护企业及其利益。"但是我们如何能既保护提供给我们食物的人，又让他们负责呢？"她问。

这是一个我鲜有机会涉足的领域。当我为彭博社写作一篇关于新冠疫情的报道时，采访过佛罗里达州的一座垂直农场，我问他们如何净化空气。但农场员工只愿意透露，他们使用了"一个大型空气过滤系统，能够擦洗空气里的霉菌和真菌"。我接着问他们如何"擦洗空气"，被告知"不方便提供那种程度的细节"。一位传染病专家告诉我，这家公司可能使用的是蒸汽技术。他还建议我可以跟大麻种植者聊聊，那些人或许"更有交谈的意愿"。在普伦蒂，斯托里说他们使用的是高效滤网（HEPA），它能够捕获空气中 99.5% 的污染物颗粒，包括病毒、细菌和霉菌。但它是否能防护新冠病毒，还不得而知。

目前，我们只能祈求室内种植的蔬菜是安全的。考虑到新冠疫情，我认为有两件事或许会发生。企业将不得不公开更多其为了保护消费者安全所采取的措施，与此同时，虽然目前基本没有因为在超市购物或是在家烹饪而感染新冠病毒的案例，但与食品安全和处理相关的联邦法规会发生变化。

讨论完安全后，我最关切的问题仍然是：为什么这个行业在生菜上裹足不前？我每天吃沙拉，但是世界上其他人也是这样吗？他们会愿意这样吗？室内农场从生菜起家有多个原因。生菜很好种植，又极易腐败。通过缩短供应链——利用超市的屋顶或是城市中心的空置建筑——垂直农场能够为我们提供味道更好的产品。目前大部分传统农产品的运输都是从加州的冷藏车开始的，那意味着当它们到达俄亥俄州时，通常都是好几天甚至一周以后。想象一下如果你只需要下楼或是穿过马路就能吃到你的新鲜蔬菜会怎样？

这些创始人说他们能够通过 LED 灯和有针对性的营养物来控制植物的生长，甚至能够提高植物组织中的抗氧化剂和多酚含量，这些都对我们的健康大有好处。但是，他们也在重塑食物的性状。植物丢失了更多的纤维和苦味，大部分甜度更高。"如果我们想要改变人们的饮食，让大众摄入更多水果和蔬菜，那么它必须得好吃。"斯托里说，他的终极目标似乎是将蔬菜零食化。但是我们已经在沿着这条路走了。我们的垃圾食品已经不能再多了——墨西哥的瓦哈卡州刚刚禁止了对 18 岁以下的未成年人销售垃圾食品和含糖汽水，这可谓一场胜利。不仅如此，我们还走在了一条越来越甜的路上。添加糖简直无处不在。我们不希望饮食中本来就缺乏的纤维更少，而是多多益善。

抛弃土壤

　　"来自 20 世纪工业化加工的证据表明，这是一条问题层出不穷的道路。如果我们仅仅去复制那些能够辨认的好处，那么我们仍然会失去其他好处。"农业生态学家卡莱尔语重心长地告诉我。"白面包就是一个例子。垂直农场会是 21 世纪的白面包吗？也许我们有一天会懊恼地说：'糟糕，我们丢掉了真正重要的东西。'"就像那些创始人一样，我希望更多的人吃他们种植的蔬菜，无论我们采用什么方式，都是朝着正确的方向迈出的一步。但是我们是否失去了利用大量资金来修复现有农场的机会？当我们的任务是为了养活更多的人，为什么作物的种植方法和品种要被当作商业秘密遮遮掩掩呢？

　　垂直农场使得种植作物成为工程师全新而诱人的职业道路，但它们几乎没有解决传统农民——我们食物系统的顶梁柱——的老龄化问题。根据美国农业部 2017 年的人口普查数据，农民和牧场主的平均年龄达到了 57.5 岁。如果我们还需要传统农场来种植食物，而我们的土壤正在枯竭，水源时不时地被污染，那么谁来处理这些问题呢？硅谷的人总是很轻易地被机器人和算法吸引。他们什么时候会注意到人跟土壤呢？

康奈尔大学的植物学家和经济学家合作，评估了 2019 年室内农业的可行性。这项研究由美国国家科学基金会资助，发掘了一些很有意思的数据点。其中最重要的是，他们发现，传统大田生产仍然是目前为止最便宜的食物生产方法。但这里的"便宜"不包括运输成本，而运输成本远远超过了种植与收获的实际成本。有人可能会认为，这种论点指向的是在无法自给自足的偏远地区建立小型农场。普伦蒂的巴纳德曾说："创造一个更昂贵版本的耕地毫无意义。"但这恰恰就是如今他们在普伦蒂、空气农场，以及鲍厄里农场（Bowery Farming）、光明农场（Bright-Farms）等其他大型的 CEA 农场所做的事情。（光明农场在 2020 年 10 月新一轮的融资中筹集到了 1 亿美元，使其总的融资额超过了 2 亿美元。）这就像给问题（土壤健康）贴上一张创可贴，却不去看医生，检查为什么伤口没有愈合。

回到我的主要问题上来：室内种植的新鲜食品是否跟室外种植的一样营养健康？普伦蒂和空气农场都告诉我，它们的蔬菜在营养品质方面与室外的无异，甚至更好。但两家公司都没有提供支持它们言论的数据。就食品安全而言，我想知道室内农场有哪些病原体。食品安全专家认为垂直农场是一种"建成环境"，控制它们的难度不亚于控制传统农场的，只是变量有所差异。虽然垂直农场的水源更加清洁，不会使用农药，但仍然会有隐忧。克莉丝滕·吉布森（Kristen Gibson）是阿肯色大学的食品安全与微生物学教授，她说在她的圈子里，大家在猜想风险和人类病原体在室内环境中会发生怎样的变化。"可能是经由水、人、种子，到一系列不会在传统环境中存在的东西传播，"她说，"在一个'建成环境'中，人们去除了农药，但是仍然会有有害的因素存在，你不能想当然地认为它们就更安全。"

分子生物学家米斯拉却更乐观一些："没有证据让我相信室内农业不如室外农业安全。我认为仅仅是人们对室内农业缺少足够的了解。"另外，她不认为这个产业的规模会变得更大，因为"人们并没有迫不及待地想要消费更多的蔬菜"。尽管如此，空气农场和普伦蒂都在试验性地种植樱桃番茄和草莓。当时预计到2021 年，产品能够进入市场。草莓是一种高价值的作物，这些室内农场有理由重视，虽然在加州，种植草莓已是很容易的事。草莓也需要授粉，这意味着在这些珍贵的室内环境中需要大黄蜂。斯托里说他已经在思考替代这个自然过程的解决方案，我不禁想象了一下制造草莓授粉机器人的成本，以及如何重新创造我们食物系统中关键的要素，比如为全球 3/4 的农作物授粉的蜜蜂？

用技术解决我们的农业问题，这种做法没能拯救土地，也没有尊重我们的农业遗产，还绕过了世世代代在土地上耕作的人。当我们审视破碎的食物系统时，让羽衣甘蓝像糖果一样充满诱惑——甚至生产出麦当劳化的羽衣甘蓝——并不是我们的首要任务。我很同意卡莱尔的观点，她一口气讲出了三个最大的顾虑：我们从哪里获得蛋白质（植物性的还是动物性的，工业化的还是原生态的）？我们如何减少食物的浪费（农业生产获得的热量有 40% 在供应链中丢失，这也在我们自己家里发生）？我们该如何更有效地分配食物（我们种植了足够的食物，但并没有分配给每个需要的人）？回答这些问题，比用技术密集型的方式来种植更多的食物（尤其是为已经购买食物的人种植相同的食物）更加重要。

空气农场和普伦蒂已经基本证明，它们能在发达国家人口密集的城市中让室内农业成功运转，但考虑到运营 CEA 农场的要求——工程师、全天候的电力系统、冷链配送网络（用卡车运送货物，保持易腐食物的新鲜），以及源源不断的塑料包装——它们远没有那么可持续。倘若不进行结构性改变，它们肯定不会在撒哈拉以南非洲和印度的大部分地区奏效。

即便如此，我身体里那个渴望便利和美味兼得的好吃鬼，偶尔也会禁不起诱惑。普伦蒂的番茄，斯托里保证，会让我大吃一惊。"我是一个彻头彻尾的番茄迷。我们已经花了一年多的时间培育番茄，上周我吃到了这辈子吃过的最美味的两个番茄。"听上去如神话般美妙。但我还是忍不住想，那得花掉多少钱？而那个蜜蜂问题，我曾设想用微型机器人手指代替，被公司的团队用一种不会产蜜的欧洲大黄蜂解决了。草莓或许也吸引了投资者。"室外种植的草莓也有跟我们在室内种植的草莓口味一样好的。不同的是，我们能够在全年的任何时候把它们种出来。"斯托里说。

细胞培养肉

太空中的牛排

在早期的太空旅行中，宇航员吃着婴儿食品般的东西。想象一下每天三顿都是蔬菜糊？更让人痛苦的，是他们在太空中吃的一道"开胃前菜"。它是罐头，无论外观还是味道都像是猫粮。另外一个选择是食品颗粒，这似乎是喂养太空中的人最简单的方法。"宇航员们吃古怪的合成食品无关紧要。"瓦伦·贝拉斯科（Warren Belasco）在他所著的《即将到来的餐食》（*Meals to Come*）中写道，直到宇航员营养不良，饥肠辘辘地回到地球，才让 NASA 的食品科学家相信饮食事关重大，并且意识到吃优质的食品会带来显著的心理回报。

为了解决宇航员在太空中的生存问题，NASA 在 2002 年资助了一项研究，旨在"体外"培育出可食用的肌肉细胞，"体外"用于描述实验室的操作，是指在生物体之外产生细胞。第一步是在活鱼体外培养金鱼细胞。接着是火鸡细胞。由于扩大规模导致成本增加，可能也有一些让人恶心的因素，这个项目最终搁浅了。但这个金鱼计划启发了新收获的创建，这是一个致力于推广细胞农业的非营利机构。计划还催生了细胞培养肉进入太空的初次尝试。阿列夫农场公司（Aleph Farms）2017 年在以色列的雷霍沃特创建，他们跟一家俄罗斯的初创公司合作，将可持续牛排送入了太空。

2019 年，我在旧金山参加了一场细胞培养肉研讨会。在茶歇期间，我碰见阿列夫主管研发的副总裁内塔·拉冯（Neta La-von）。拉冯分享了她的创业故事，以及他们如何在太空中培养细胞。事情的由头是 3D 生物打印公司（3D Bioprinting Solutions）的一封邮件，这是一家从事先进生物组织工程的俄罗斯公司。邮件大意是：我们愿意将你们的牛细胞送到国际空间站，供我们的生物打印机试验。我问拉冯为什么他们会选择阿列夫。"因为我们是唯一一家能够制造生物组织的公司。"她的意思是，阿列夫能够制造出肌肉，而不仅仅是一大团软绵绵的细胞。

阿列夫已经分离出了发生在牛身上的肌肉组织再生与生长的自然过程（就像我们在健身房举重，为了增强力量一样）。这个突破很关键，因为牛排本质上依赖于结构，后者取决于肌肉和脂肪的结合。在纳米技术的帮助下，3D 生物打印开发出了一种打印技术，不需要任何有机或人工支架（支撑细胞的结构），就能将肌肉组织打印出来。

经过了 6 个月的邮件来往，签署保密协议，通过法律审查后，拉冯的团队飞到了莫斯科。"我们想要看看他们是不是认真的。"双方讨论了各自能提供的东西，拉冯感到会谈很有实质意义。"他们有非常优秀的科学家。"下一步是把细胞送到 3D 生物打印。拉冯将它们装在液氮中，以保持细胞的生存力，接着将它们连夜送到了莫斯科。它们一到，阿列夫就提供了培养基的配方以及让细胞增殖必需的营养物——就像人类一样，这些细胞的生长同样需要氨基酸、糖和脂肪。在地球上，细胞平均每 24 小时完成一次分裂，在太空中周期可能会更长。最终，发射的日期确定了。

国际空间站是跨行星研究的枢纽。每一天，它会绕地球飞行 16 圈。它的微重力实验室已经开展了 103 个国家的 2700 多项实验。6 艘宇宙飞船能够同时与它对接。空间站分配给每个机构的时间长短是根据该机构贡献的经费和资源多少决定的。2019 年，俄罗斯航天局和 3D 生物打印的合作有三个时间段。到秋天，细胞被运送至拜科努尔航天中心（俄罗斯租借的位于哈萨克斯坦南部的发射基地），2019 年 9 月 26 日，这些细胞安稳地躺在俄罗斯宇航员奥列格·斯克利波奇卡（Oleg Skripochka）的臂弯中进入了太空。

这是多么超凡卓绝的科学，多么异想天开的营销手段，多么难能可贵的学习机会。阿列夫的联合创始人迪迪埃·图比亚（Didier Toubia），指出了障碍的所在：发射过程中细胞是否能存活？温度合适吗？空间站的温度保持在 18～27 摄氏度。细胞在微重力环境下能够生长吗？接下来，在居留国际空间站的短暂时间内，宇航员能否在微重力环境下组装这些组织？最后，他们能够在"最恶劣的条件下"——没有土地和水——成功地培养细胞吗？

实验取得了成功。"在微重力环境中我们期待的活动发生了——细胞很容易进行彼此之间的相互作用。"拉冯说。3D 生物打印机用磁力制造了"细胞与细胞的接触",并生成了一小块牛肉组织。对你我而言,这块太空培养的肉看起来没多少,粉红色的一点远远不够上煎锅的用量。但对细胞培养肉领域而言,这如同实现在月球上行走般了不起。更重要的是,俄罗斯宇航员将这块肌肉组织带回了地球,以便研究团队进行检测。得到的反馈为阿列夫确定在试生产中使用哪种技术提供了参考。这次进入太空的尝试,也帮助阿列夫逐步接近在地球上开发一种循环(无浪费)、闭环生产方式的目标。这家以色列初创公司希望,这种生产方式将帮助他们在 2022 年末或 2023 年初把薄牛排推向市场。目前,这个目标的完成期限还可以变动。

味道怎样

回到地球上,我手里的包装盒看上去有模有样,就像我在超市里会挑中的东西一样。商标挺吸引人 —— 一个石盘的特写,里面铺着羽衣甘蓝和一些紫洋葱圈,上面放着一块烤鸡胸。包装盒上有一小块透明的玻璃纸,让我能窥视里面的内容 —— 塑料膜盖住的一块去了皮的鸡胸。盒子上印着"加州爱的结晶"。盒子背面的营养成分表下方是配料表,普通到你或许会忽视 —— 海盐、墨西哥辣椒、糖和大蒜。一切都很寻常,除了打头的原料:鸡肉(细胞培养)。这确实是一块鸡胸,却不是从一只死掉的动物身上切下的。它是由位于加州伯克利的孟菲斯肉类在实验室用细胞培养而来的。那只贡献细胞的鸡或许还活在某个农场里。

孟菲斯肉类大楼的二层通向一间巨型厨房，这里大到可以举办一场厨艺大赛。炉灶后面站着食品科学家摩根·里斯（Morgan Rease），他留着时髦的大长须，穿着围裙。空气中弥漫着煎蘑菇的香气。我的鼻子抽动了一下，口水不自觉地流出来，尽管我才吃完午餐不久。"你有什么不吃的东西吗?"里斯问。我不喜欢吃的食物名单不长，但当写作本书时，我的座右铭变成了:"我什么都能吃。"

在我参观房间的装修和设计时，里斯和我一起等待着孟菲斯肉类的首席执行官乌玛·瓦莱蒂（Uma Valeti）。在加入这场食品技术革命之前，瓦莱蒂是一名心脏病专家，这是一份拯救生命的职业，但他希望凭借着新事业拯救更多人的生命，并停止虐待动物——由于幼年时期在印度的遭遇，他对此感受极其强烈。从美国的医学院毕业后，瓦莱蒂留了下来。除了临床工作，他在明尼苏达大学还有一间研究实验室，那里的患者都有严重的心脏病。干细胞是治疗手段之一，但这位创始人开始设想他能否让人类更健康——从食物着手如何? 这个想法一度被他置之脑后，直到他被介绍给如今的联合创始人尼古拉斯·吉诺维斯（Nicholas Genovese），一名肿瘤学博士。彼时，这对伙伴还需要一个催化剂——细胞培养肉，让他们能够放弃医学事业，投身高风险和高度不确定的未来。

离开医学界已经 5 年，但瓦莱蒂仍然保留着医生的气质——谨慎克制、谈吐文雅、成竹在胸，足以让他成为筹集巨额投资的不二人选。每一家细胞培养肉公司都对别人说他们的工作是"造假"而感到难堪，但在早期，细胞培养肉确实过于稀奇古怪，因此瓦莱蒂被大部分投资者拒之门外。尽管如此，在最早的种子轮融资阶段，瓦莱蒂还是募集到了 300 多万美元。"这个产业从来没有被资助过。"他说，直到他向投资者展示了细胞培养肉具备的可能性。如今，昔日的愿景已经落地生根为一家拥有超过 60 名员工的公司——员工中有动物权利活动家、环保斗士，甚至还有肉食者——正对成为第一家商业化生产细胞培养肉的公司跃跃欲试。

大部分的创始人都对细胞培养肉的未来信心十足。马克·波斯特（Mark Post），荷兰莫萨肉类公司（Mosa Meat）的创始人，被公认为细胞培养肉运动的发起者。波斯特在实验室里研究细胞培养肉长达 15 年，无论是荷兰式的精明，还是漫长职业生涯中的屡次尝试，都让他对这条看似不确定的道路远没有那么保守。基因美食中心（Center for Genomic Gastronomy）出版的杂志《食物飞客》（Food Phreaking），有一期"体外肉里有什么"专题，波斯特在其中写道，在实验室生产食用肉类为节约资源提供了可能，尽管这还需要证实。相反，瓦莱蒂只谈到需要"向世界证明这项工作行得通"，他能做到这一点，因为他已经有了"实实在在的产品"以及"人们喜欢这个想法的证据"。

在我们去会议室的路上，瓦莱蒂在洗手间旁边墙壁上的公司年表前停了下来。孟菲斯肉类有很多里程碑式的日期，例如公司的成立（瓦莱蒂认为他的公司是第一家细胞培养肉公司，成立于 2015 年），第一颗肉丸（2016 年生产，成本 1000 美元），还有 2017 年 A 轮融资筹集到 1700 万美元，这是当时细胞农业获得的最大规模的投资。

当大多数细胞培养肉初创公司还把注意力集中在单一物种时，孟菲斯肉类却全面撒网，声称它的平台能够培养所有种类的细胞和组织。在它 17 000 平方英尺的总部里，科学家们培养出了牛肉、鸡肉（美国消费最多的肉类）、鸭肉（消费最多的是中国），并让 1000 多人尝过。

瓦莱蒂又带我回到了厨房，里斯正将一小片鸡肉从煎锅中取出来。他把鸡肉放在一块砧板上，轻轻地逆着纹理切开。瓦莱蒂催我上前观看，"摩根切鸡肉的时候，你要注意到切法和质地。切起来真正像一块鸡肉"。

里斯身旁的盘子里，两把金色大勺子盛着浸着酱汁的样品。"没有人吃原味鸡肉。"瓦莱蒂说。我想，该把这句话告诉健身爱好者，瓦莱蒂一定希望他们能享用他的产品。其中一把勺子里的酱汁是柠檬香烤鸡排的味道，另一把则是沙嗲鸡肉配花生酱和自制的姜汁泡菜。两把勺子旁，还有一小份没有调料的原味鸡肉。我低头看了一眼盘子，又抬头看了一眼主厨，最后转头看了一眼瓦莱蒂。大卫·凯（David Kay），孟菲斯肉类一号员工和传播主管，此时站在一旁拍照。在这些孜孜不倦地重塑我们食品供应的人面前试吃样品，是我最不舒适的职业经历之一。

我切开鸡肉。他们盯着我。

瓦莱蒂是正确的，它切起来很像鸡肉。我把半英寸长的一块放进嘴里。就像传统的鸡肉一样，它有韧性，也有嚼劲，一种需要我的牙齿将其咬住的感觉。我能够感受到嘴里丝丝缕缕的肌肉。但它也很干瘪，没有我希望的鸡肉的多汁和湿润。瓦莱蒂跟我保证说，在肌肉细胞之外还有脂肪细胞，但是我尝不出来。肉本身有味道，但是煎它用的油对我的味觉产生了更大的影响。接着我被告知，我吃到的肉是从一个鸡蛋的细胞开始培养的。这就又回到了那个老生常谈的起源故事——蛋生鸡——但是我不禁猜测，有多少人愿意这样调换呢？

接下来，我将那勺柠檬香烤鸡排味的送进嘴里。对喜好肉食的人而言，它很有滋味，比那份原味的好太多。鸡肉的质地与黄油、柠檬和刺山柑花蕾绝妙地配合在一起。回想到我在丹佛的真菌科技所上的感官评估课，我让它在口腔里缓慢地滑过，把充裕的时间留给味蕾去品鉴，大脑去思考。

此刻，周围的人密切注视着我的反应，就像在参加真人秀《顶级大厨》(Top Chef)。我避开他们的目光，默默希望自己能够留下一些记录。我说了很多次"哇喔"，这给我换来了思考的时间。"尝起来很健康。"这或许并不是他们想要听到的话，但确实是我的肺腑之言。最重要的是，他们抓住了质地——所有仿肉的必要条件。"质地太棒了，令人印象深刻。"我一遍遍地重复着。

盘子里只有少许试吃的样品，因此我很难想象一整块鸡胸出来。据瓦莱蒂说，他们已经制作出了"完整形状的鸡肉"，并组织了多次试吃——最近的一次甚至邀请了 100 个人。一些主厨试验了这款肉，有的人告诉瓦莱蒂："我能够立刻把它放在餐盘里，这会成为我们菜单中最柔嫩、最具风味的菜品。"我试着想象托马斯·凯勒(Thomas Keller)或艾丽丝·沃特斯(Alice Waters)会如何处理这款肉。在加州本地餐厅的王牌潘尼斯之家(Chez Panisse)，沃特斯或许会为鸡肉淋上羊肚菌酱汁，将它佐在烤红拇指土豆和煎牛皮菜旁，让这一小块培养鸡肉成为那些更美艳的蔬菜的配角。主厨凯勒或许会把他的鸡肉浸在由干红葡萄酒、骨髓、黄油和红葱头制成的波尔德莱酱汁中真空低温烹饪，而后将鸡肉置于焯水后的尖叶菠菜和南特胡萝卜上。

我迅速回到了现实。谈论细胞培养肉是否会成为味觉的享受——例如出现在感恩节的晚餐中——还为时尚早。沃特斯不会接受除了她认识的农民以外任何来源的肉。即便是颇具实验精神的托马斯·凯勒，大概也会为如何在法国洗衣房（The French Laundry）——属于凯勒的米其林星级餐厅，位于加州的扬特维尔——的菜单上介绍这道菜而大伤脑筋。或许会是"来自孟菲斯肉类公司的培养肉"。"培养"这个词是否能让销量更高？大概服务员得告诉用餐者，这家公司来自伯克利，而不是孟菲斯①，公司雇佣的是科学家，而不是屠夫。

但如果细胞培养肉初创公司将其目标从那些遥不可及的精致正餐，转到平民饮食呢？如此，它们能够得到更多平易近人的烹饪经验，就像主厨塔尼娅·霍兰（Tanya Holland）在加州西奥克兰的红糖厨房（Brown Sugar Kitchen）里提供的酪乳炸鸡，以及主厨 JJ·约翰逊（JJ Johnson）在纽约哈勒姆的餐厅郊游（Field Trip）里提供的烧烤牛胸脯肉沙拉。

在这场未来食品的运动中，明星主厨的接受是关键环节。在他们的餐厅里提供孟菲斯肉类的产品——目前还未实现——主厨们就为这些未经验证的食品提供了即时的信誉。"我们觉得

---

① 美国田纳西州最大城市，密西西比河沿岸港口。——译者

它已经可以投入市场了，但总还有提升的空间。"说完，瓦莱蒂拿起他的手机，插入耳机，接了一个电话。凯送我出去到另外一个采访地。

什么动机

当我跟这些硅谷的创始人交流时，信不信由你，钱通常是他们最不愿意谈论的话题。《肉食星球》(*Meat Planet*) 的作者本·乌尔加夫特 (Ben Wurgaft) 对此也有同感。"我一直渴望（采访到）那些愿意承认自己想赚钱的人。创始人想要把道德使命与市场需求结合起来，他们事业加速的主要动机可能是不忍心让动物受苦，也可能是钱。"

跟我一样，乌尔加夫特认为很多创始人都是真诚的。他们指出了动物福利的道德困境。发达国家的肉类消费仍然在稳步增加，我们需要杀戮更多的动物来迎合吃肉的习惯。从道德的角度看，数字并不重要。吃掉的是 1 只动物还是 100 万只，意义等同。事实上，2020 年，全球一共有 360 亿只动物被杀死以供食用。瓦莱蒂说他不再吃肉，因为他想要一个自己可以支持的方法。但现有的流行趋势不是这样。鉴于新冠疫情——在一年之中吞没了全球，而且有专家认为它与我们消费动物制品相关——一切能够减少侵占野生动物栖息地的措施，都值得重视与考虑。

接下来这些创始人需要搞清楚传统畜牧业有多不可持续，对环境的破坏有多大，以及用动物喂养人类的转化率有多低。从投资回报率来看，用作物喂养动物进而生产蛋白质来喂养人类，是一种"效率极低的技术"。最后，他们搬出那个反复出现的统计数据，用问题来表达："到 2050 年，我们拿什么养活 90 亿的世界人口？"耕地数量有限，年轻一代对农业不感兴趣，人类对蛋白质的需求日益增长，在这样的情况下，这些创始人将细胞培养肉作为拯救这颗行星和人类的最优选择。

向更健康的饮食方式转变需要付出努力。在 EAT-柳叶刀委员会的一篇报告中，一群来自全球的科学家建议，我们应该将水果、蔬菜、坚果和豆类的摄入量加倍。或许更具挑战性的是，他们认为我们需要将红肉和糖的摄入量减少 50% 以上。这么做"将会同时改善身体健康和环境"。委员会的一名科学家布伦特·洛肯（Brent Loken）称，如果不做出这些改变，预计到 2050 年，与食物相关的碳排放将翻倍。"食物相关的碳排放极可能导致全球气温在 30 年到 40 年间升高超过 1.5 摄氏度的上限，在 2100 年前升高接近 2 摄氏度的上限。"这个观点被广泛接受。

"为了自己的饮食健康，而置地球的健康于不顾，这是一种竭泽而渔的想法。"大卫·卡茨（David Katz）说，他是耶鲁大学耶鲁-格里芬预防研究中心的创始人，也是一位营养学作家，还是饮食 ID（Diet ID）的创始人，这是一款饮食评估与行为改变的手机应用。

在 2019 年，当我的 Instagram 推送充斥着亚马孙大火的图片时，我明白这是所有与我交谈过的创始人的论据。《纽约时报》称这场火灾为"生态纵火"。饲养肉牛的牧场主在烧毁全球最大、生物多样性最丰富的热带雨林。彼时，全球的抗议声排山倒海。如果那时细胞培养肉已经在售，它的广告一定会与这场灾难的图片一起在 Instagram 推送给我。

细胞培养肉还处于起步阶段，植物肉却已登堂入室。你很难找到还没吃过别样汉堡或不可能汉堡，并宣称它们很美味的人。其他的公司也在陆续推出各自的版本。当植物性汉堡、培根、猪肉一飞冲天的时候，这些相对更棘手的细胞培养肉还是必需的吗？

早期风险投资公司五十年（Fifty Years）的塞思·班农（Seth Bannon）是孟菲斯肉类的早期投资人之一。作为一名长期的纯素食者，班农从 2014 年开始一直关注着行业的发展。他将瓦莱蒂归为早期创始人，即"坚信现有食物系统已经崩坏的信徒"。班农同时投资了植物肉和细胞培养肉的初创公司，他希望两个领域都会获得成功。"我们对植物性食品极度乐观。"他指出这一类产品还会有 100 倍的增长空间。但是他也认为细胞培养肉会表现出色。"每个市场都会有数十家百亿美元规模的公司诞生。"

在我看来，植物性产品是相对更简单的解决方案，只要我们能让它们更健康一些，而班农则认为二者都极有吸引力。"从一个层面来说，植物性产品走在了前面。它们已经打入市场，有自己的合作伙伴和消费者。"但是，这位激励型的父亲乐于看到所有的孩子都成功，他感到在另一层面上，细胞培养肉也处于领先。"如果你让主厨们在不可能、别样肉客和孟菲斯中做出选择，他们会说孟菲斯能更好地复制出人们想要的口感。"那么问题在哪儿？它太贵了。未来一两年内或许我们能在旧金山的一家热门餐厅吃到烤（细胞培养）鸭肉串，但一盒细胞培养肉出现在超市的货架上，却显得遥遥无期。

在孟菲斯肉类成立之初，潜在的投资者查看了他们的商业计划书后，都认为这简直是科幻小说。班农不以为然，但愿意投资的人寥寥无几。接着，植物肉竞争者别样肉客于 2019 年 5 月 2 日登陆纽约股票交易所，公开市场对其投入了空前的热情[①]，以至于私人投资者最终判断细胞培养肉也有可能盈利。2020 年 1 月，孟菲斯肉类以 1.61 亿美元结束了 B 轮融资，并收到了大量投资条款清单——初创公司和投资者之间就未来投资交易达成的初步约定——它在其中精心挑选了最心仪的对象，对其他的示好者敬谢不敏。

植物肉和细胞培养肉看似水火不容，但它们不仅是在应对同样的问题——畜牧业对环境的破坏——细胞培养肉初创公司还很有可能最终采用一种混合的方法，制造同时包含细胞培养组织和植物蛋白的食品。事实上，一家新的初创公司正在这么做。坐落在加州圣莱安德罗的阿特米斯食品公司（Artemys Foods），就计划生产混合肉汉堡。阿特米斯的联合创始人杰丝·克里格（Jess Krieger）告诉我，在常规的植物肉汉堡中添加仅仅 10% 的培养细胞，都会"大大提升风味"。像其他合成生物学的笃信者一样，克里格在这块领域工作了十余年，她的联合创始人乔舒亚·马奇（Joshua March）相信，他们的混合方法能够更快地拯救世界。马奇说："要改变大多数人的吃肉方式，唯一的方法是

---

① 别样肉客在纳斯达克的首次公开募股定价为每股 25 美元。午后不久，就以每股 46 美元的价格交易，收盘价为 65.75 美元，涨幅达 163%。这是自 2000 年以来市值超过 2 亿美元的美国公司的最大 IPO。——作者

给他们真正的肉。"

甚至传统肉类行业也采用了这种混合方法，因此你能看到素肉混合鸡肉块，蘑菇、米混合牛肉汉堡。这么做的原因或许有些差异——减少环境影响、削减成本或迎合植物性饮食潮流——但基本框架是相同的。

布鲁斯·费里德里克（Bruce Friedrich）也希望看到双赢。他是好食品研究所的执行董事，这是一家成立于 2015 年的非营利机构，在这场引领我们远离动物性饮食的运动中充当中坚力量。有一件真事：2001 年，在乔治·W. 布什亮相白金汉宫之前，弗里德里克曾在现场裸奔，为保护动物权利吸引眼球。几十年来，他一直试图说服人们拯救动物，如今他希望用跟传统肉类品质等同甚至更好的食品来改变我们的饮食习惯。"肉类消费绝对不会走下坡路，因此我们需要制造出更好的肉，我们需要用植物生产肉，用细胞培养肉。"

好食品研究所最早从悯惜动物（Mercy For Animals）获得资助，后来又得到了苏西·韦尔奇（Suzy Welch）和杰克·韦尔奇（Jack Welch，长期担任通用电气的首席执行官），以及脸书不太知名的联合创始人达斯廷·莫斯科维茨（Dustin Moskovitz）的资助。研究所同时支持了细胞培养和植物性的动物替代品研发。这家非营利组织为研究和华盛顿的游说活动提供资金，并与监管人员合作，为变革铺平道路。费里德里克的"天上掉馅饼"梦想是，看到几十亿美元的政府开源研发基金汇入肉类替代品行业中。"如果他们真的能够将工业化的动物肉从地球上消灭掉，他们就有吹嘘的权利了。"这位资深的纯素食者还创立了新作物资本（New

Crop Capital），一家营利性的私人风险基金，投资了几十家这类公司——马克·波斯特和乌玛·瓦莱蒂都是好食品研究所的顾问。虽然政府投入几十亿美元似乎还遥不可及，但投资者的资金仍在源源不断地流入这个蓬勃发展的食品行业，费里德里克对此功不可没。

如何生产

实验室培养动物组织已有几十年的历史，但直到 2013 年，才完成了向食品的一跃，那年马克·波斯特的莫萨肉类生产出了全球第一块细胞培养肉汉堡。这个汉堡的成本是 33 万美元。当时，莫萨肉类宣称："牛身上的一个样本就能够产出 8 万个足三两汉堡。"这项工作实际上比听上去更复杂。直接从动物体内取得的活细胞（细胞系）仅能进行有限次数的分裂。只有在实验室里通过复杂的步骤，它们才能成为理想的无限细胞系[1]。这种动物体外的无限细胞系是每个细胞培养肉初创公司努力要实现的，也是重大障碍之一。还有一件真事：阿特米斯使用的细胞系来自一头叫未来的公牛，它还在俄亥俄州的一个农场上幸福地生活。这头牛的基因令人称奇。"它的细胞非常强壮。"克里格说。

就像阿特米斯正在做的，在实验室里培养肉的细胞需要从农场开始。第一步是从活体动物身上进行"钻孔取样"，工作人员用一种外形介乎于钢笔和采血针管之间的切割工具取出动物的

---

[1] 干细胞被认为是永生的，这就是它们被用于大部分医学研究的原因。——作者

一小管细胞。人的活体组织取样也是如此。这个过程不太疼，但也不是很有趣。跟你我不一样，动物不能对这件事表示许可。

制造细胞培养肉的一个障碍是要找到合适的原代细胞。最优选择是肌肉中的干细胞。在动物体内，它们孕育新的肌肉的生成；在动物体外，它们能够被"编程"从而生长。初创公司若是想要高产并取得成功，所选择的原代细胞必须能够自我更新，最好是永生的。一旦被识别出来，这些原代细胞（细胞系），就会被装进试管中，贴上标签，储存在零下196摄氏度的液氮中。为了达到增殖的目的，这些细胞被放入含有营养物和生长因子的介质中。生长因子通常指血清，即胎牛血清（FBS）。

生物医学研究依赖 FBS，它来自胎牛的血液。FBS 价格昂贵，制药公司能够承受，但采集它却不是为了食品研究或支持大规模生产。FBS 中含有白蛋白以及少量的氨基酸、糖、脂类和激素。它来源于牛，因此并不太讨人喜欢——本书中几乎每一个创始人都是纯素食者。但还有其他原因，这些物品的供应链需要更容易获得、更便宜的原料。可是，就促进细胞生长来看，还没有比血清更有效的替代品。细胞培养肉初创公司正在做这方面的研究，但截至目前，还没有相关的公开资料，只有极少学术界外的人士在合作和共享信息。如果足够幸运，新收获资助的一个关注非动物营养介质的项目会首先突出重围。这个非营利机构打算分享成果。

为了把一片肉放到餐盘里，细胞培养肉公司需要在被称为生物反应器的钢罐里培养以万亿计①的细胞，这些容器体积从1

---

① 一小块细胞培养肉需要数万亿个细胞。——作者

升到 10 万升不等。（孟菲斯肉类使用的容器被称为培养者。这些罐子需要依据内部设计专门定做，以支持生产规模的扩大。）如果一切顺利，这些细胞 —— 肌管 —— 将会分化为肌肉细胞。根据要生产的肉的种类，例如牛排和牛绞肉，需要一个基础支架让组织附着。你可以将自己的骨架想成是细胞的支架。埃米·洛瓦特（Amy Rowat），加州大学洛杉矶分校的一位生物工程教授，就获得了好食品研究所提供的一笔经费，用来研究在培养牛肉中形成大理石油花所需要的微型支架。大理石油花是形容牛排脂肪的一种时髦说法。"对于质地和风味来说，脂肪都非常重要。我们的目标是开发出一种细胞培养肉支架，能够促使细胞生成带油花的肉 —— 脂肪在肌肉中交错分布。"她的实验室里创造的支架会有不同的硬度。脂肪需要软一点的细胞，而肌肉需要韧度更高的细胞。

洛瓦特的实验室也得到了新收获的一笔拨款，后者同时还资助了其他研究细胞培养肉结构问题的科研人员。其中一位甚至试图用菠菜叶子解决这个问题。想象一下，一个初创公司偷偷把菠菜叶子放进你的肉里！

我很好奇这些细胞以什么为食。当我暗示消费者或许也想知道他们的肉是怎么培养出来的，我得到的回复要么是"我们不能透露细节"，要么是"也没有人知道他们吃的动物是怎样喂养的。这有什么区别吗？"我不以为然，虽然他们是在夸张地表达观点。当我再次提问时，得到了答案："跟活的动物需要的一样。"

人类需要的营养，动物也需要：必需氨基酸、脂肪酸、碳水化合物、维生素、矿物质和水。最重要的是优质的碳水化合物来源——任何活体生物必需的能量源泉。碳水化合物可以来自谷物、蔬菜中的淀粉，或者白糖一类简单的物质（食物越复杂，其所含的营养素的种类就越多）。在确定了营养成分后，初创公司必须决定如何提供化学信号，以刺激细胞生长。这依赖于激素。在没有动物（或人）的参与下，制造激素——如胰岛素——的成本高昂，通常还需要基因工程。这是细胞培养肉初创公司的另一块大型拦路石。

肉的细胞是活的，在被收获之前它们不会死亡——这又是一个棘手的难题。技术员会监测温度、水活度、氧气、营养素和pH值。整个过程需要耗用大约一个月。当肉被收获或"宰杀"时，它的生长就终止了。最后，这些真正的肉的细胞将会被制成一块美味的东西，供给食客。这一步包括了基础的食品加工环节：调味、塑形和烹饪——这些在我们看来就很简单。

我在孟菲斯肉类的下一个目标是埃里克·舒尔策（Eric Schulze），他是主管产品与监管的副总裁。当我坐在他面前开始采访，舒尔策坦言每周末自己都会用传统肉类制作熏肉和烧烤。"我不想放弃吃肉，"他说，"我非常清楚自己的行为，因此想消除自己的负罪感。这鞭策着我。"舒尔策，高个子，一头红发，发表意见像是连珠炮。当我错误地将他们正在生产的东西称为蛋白质时，他纠正我："肉可不仅仅是蛋白质。我们是在创造一块组织。是肉，不是蛋白质。"

舒尔策曾是 FDA 的一名官员，他饱含深情地谈到在联邦政府机构的工作经历。我问他，关于细胞培养肉的安全性，消费者应该知道些什么。"假设一家谷物公司开始使用更快的机器，生产更好的玉米片，"他说，"他们不需要贴上'使用一台速度快10倍的玉米片制造机生产'的标签。这并不违法，因为在营养成分层面，两种产品本质是相同的——功能、特性和外观，在这里也是一样的道理。"这样的简化有些过头，当我向舒尔策追问更多时，他说："在这个国家，每个食品生产者都可以自愿披露他们希望消费者了解的产品信息，如果他们认为这些信息是真实的。"他说告知消费者来自孟菲斯肉类的肉是细胞培养的，这样的信息有其价值，因为它意味着肉是在无菌环境中生长的，没有使用抗生素[①]，这对人有益。他还说，虽然公司还没有确定透明化的程度，但是他们"正在考虑自愿披露生产方法"。

业内专家对此态度更为强硬。在一次关于如何让消费者接受细胞培养肉的报告中，美国公共利益科学中心的生物技术主任格雷格·贾菲（Greg Jaffe）对与会者表示："我们有了基础框架，却没有具体细节。"何止是没有具体细节，在这些肉类替代品的生产过程中还有大量潜在的因素，包括基因修饰、基因工程、克隆和发酵。在这场工业化细胞培养肉会议上，贾菲告诉来自弗吉尼亚州麦克莱恩的线上听众，任何产品都需要经过独立验证，产品标签需要做到"真实、客观和信息充分"。

在食品业，"真实"能被随心所欲地歪曲。就像一盒仅由糖

① 2020年9月，乌玛·瓦莱蒂在一场未来食品技术虚拟会议上表示："细胞培养肉的技术对减少未来大流行病有一定的作用。"至于不含抗生素的产品，他说孟菲斯肉类"预计不会使用抗生素"，但由于技术未经测试，生产尚未扩大规模，所以并不能保证。——作者

制作出来的甘草糖宣称"不含脂肪"一样。"信息充分"也能按照公司的意愿被扭曲。本书的很多采访对象都缺乏必要的透明度，而这很难不让我疑惑倍增。

对气候有好处吗

　　大规模生产细胞培养肉将会严重依赖水、能源和粮食。如果没有公司的确切数据，无法想象投入到底会有多少。跟一磅普通牛绞肉相比，生产一磅细胞培养牛肉会耗用更少的自然资源吗？ 2020 年，加州大学洛杉矶分校的研究者托米亚山（Tomiyama）、洛瓦特等发表了一篇文章《缩小培养肉的科学与公众认知之间的差距》（"Bridging the gap between the science of cultured meat and public perceptions"），指出理论上一头牛的一份活体组织能够在一个半月里满足 10 亿个牛肉汉堡的需要。如果换作传统畜牧业，生产同样数量的汉堡，需要 50 万头牛，耗时 18 个月。全球 90% 以上的人口都吃肉。那么这 30 多家细胞培养肉公司能够让每个人都满意吗？

　　回到我之前的问题 —— 我们是否应该更关注植物肉，而非细胞培养肉？根据 2018 年牛津大学的研究者约瑟夫·普尔（Joseph Poore）关于减轻食物的环境影响的研究，"倘若全球的饮食习惯从动物肉转向植物，则足以抵消世界人口预期的增长对环境的影响"。换一个视角，从生命周期碳分析来看，剑桥大学的阿萨夫·扎乔称，如果每个人都转向植物性饮食，温室气体排放量将减少 49%。

在美国，尽管工业化农业仍然是温室气体排放的主要来源之一，但最大的来源还是交通运输业，根据美国国家环保局的报告，2019 年其温室气体排放量占总排放量的 28.7%。其后是能源业（27.5%）、工业（22.4%），最后才是农业（9%）。农业的数字相较前几年有所上升，但比 10 年前下降了 2%。（全球农业的数字是 14.5%。）这还不值得庆祝，我们仍然需要更可持续的系统。

传统农业会产生三种温室气体——二氧化碳、甲烷和一氧化二氮，而细胞培养肉生产排放的几乎全是二氧化碳，它来自工厂所需的能源。从表面上看，这个差异会让我们认为细胞培养肉要好得多。牛津大学的研究者约翰·林奇（John Lynch）和雷蒙德·皮埃安贝尔（Raymond Pierrehumbert）在一项对培养肉和肉牛的气候影响比较研究中发现，"每单位培养肉的温室气体排放整体上要优于养殖牛肉"。但这不是全部结论。

最初，"培养肉产生的温室气体比肉牛少"，但是"长期来看，两者之间的差距会缩小，在某些情况下，养殖肉牛产生的温室气体还会少很多，因为（甲烷）排放不会累积，而（二氧化碳）会"——后者是细胞培养肉生产排放的主要气体。要让细胞培养肉比传统肉更有利于环境保护，最好的办法是确保细胞培养肉产业主要（即便不能完全）依赖可再生能源。孟菲斯肉类已经在其伯克利总部附近租下了一个新的生产厂，员工们正致力于设计和建造生产新型食品的系统。

林奇和皮埃安贝尔同时提醒，就其他动物制品而言，这个差距更不显著，尤其是鸡肉，因为鸡比牛能更有效地转化饲料。

饲料转化是指我们用粮食喂鸡的时候，它们将饲料转化为体重，后者等同于我们从鸡肉中摄入的热量。每盎司鸡肉需要 1.7 磅饲料，而每盎司牛肉需要 6.8 磅。如果我们要在这些蛋白质中挑选出对气候最友好的，那毫无疑问应该是植物性的仿鸡肉，它的转化率极高，就是植物转化为"肉"。现在我们已经有了大量的仿鸡块，但仿鸡胸、鸡腿还有待完善，以供应市场。

一直以来，细胞培养肉行业对风险资本家、天使投资人和消费者的营销说辞都是，这将拯救世界。克丽丝蒂·斯帕克曼（Christy Spackman），亚利桑那州立大学未来社会创新学院助理教授，指出了这种思维的谬误。"我想说这不是历史给我们的教训。工业化已经让我们的处境更加艰难。"我们曾经为之欢呼雀跃的工业化，最终导致了现在的困境——例如规模化畜禽养殖场产生无法重新进入土地的有毒废水。斯帕克曼感到，在新型食品工业化生产之前，我们亟须考虑细胞培养肉生产所需的配套系统。要记住，大规模工业化是每一家细胞培养肉初创公司一起步就想要达到的目标。

在《肉食星球》的作者乌尔加夫特看来，我们对于工业化肉制品的欲望缩减是一个好现象，但他希望这是公众在充分知情的情况下所做的自由选择，而不是迫于政府干预或市场压力。"重要的是我们不要放弃希望——人们实际上有能力为自己的选择负责。"

乌尔加夫特和我在推特上认识。2017 年，我们在麻省理工学院举行的新收获大会上见了面，当时他在那儿做访问学者。这位头发蓬乱不羁、架着眼镜的作家最让我喜欢的地方是，他并非一名饕餮之徒，不为任何一家初创公司效力，也不是一名投资者。他吃肉。在这场游戏中他没有利益瓜葛。他身上兼具历史学家和哲学家的气质，对于细胞培养肉这个问题，乌尔加夫特也没有独断地认为吃动物就是不好的，或者吃素就是未来的唯一道路。

足够安全吗

细胞培养肉与私房菜或在农夫集市上贩卖的小批量美食相距甚远。它还享受不了那样的奢侈。你能想象一块标价 1000 美元的鸡肉出现在农夫集市的折叠桌上吗？相反，这些公司正直接从实验室转向大规模生产，努力降低价格以吸引大众消费者。只向富人销售还不够，它将在高价市场停留一段时间直到成本"足够低"，这意味着它不仅仅是要普通人负担得起，价格还要低于便宜的牛肉。为实现这个目标，这些公司需要为生产系统开发出扩增流程，这是前所未有的尝试，并且要让一种此前从未被创造的营养成分的成本显著下降。

虽然细胞培养肉在超市广泛出售还需不少时日，但为了支持这个不断增长的行业，一小群美国公司已经组织起一个协会——肉类、禽类和海鲜创新联盟（Alliance for Meat, Poultry and Seafood Innovation, AMPS），其中包括里孟菲斯肉类、皆食得、福克 & 古德（Fork & Goode）、无鳍食品（Finless Foods）、蓝色纳鲁（BlueNalu）、阿特米斯食品和新世纪肉类（New Age Meats）。因为该联盟专注美国的监管途径，所以只有美国公司才能加入，如果公司能支付 5 万美元会费的话。

监管往往被认为是这些产品通向市场的主要障碍之一（其他障碍还有消费者接受度和培养基）。通常，这些食品技术公司在拿出可以分享的产品之前，就开始跟 FDA 合作，这也是监管者所希望的；合作都是以闭门会议进行。监管批准很关键——这是一项高风险的工作，包括了多层级的监督、审查、命名和标签等。这其中复杂的是，美国农业部监管肉类，包括牛肉、鸡肉、羊肉和猪肉，以及这些肉类的标签，而 FDA 则监管其他的一切，包含鱼（但不含鲶鱼）。这意味着细胞培养肉公司需要跨机构合作，但众所周知这两家机构此前合作得不愉快。目前，尽管合作尚未完全协调到位，两家机构还是决定分担监管的责任。瓦莱蒂评论道："他们意识到了这是食品领域最大的技术机遇。"FDA 将负责监管科学的部分（以及鱼），美国农业部则将负责实际产品（除了鱼）进入市场之前的审查。美国农业部对于日常食物的监管，已有相当长的历史，但 FDA 长期置身事外。当生产轰隆隆提速，巨大的生物反应器制造着数以万亿计的细胞时，FDA 只会偶尔登门拜访，这并不能让人感到安心。

一些知情人士称，一旦美国批准了细胞培养肉，其他国家也会效仿。另一些人则认为，在那些监管更宽松的国家和地区——比如中国香港、新加坡和日本，细胞培养肉或许能够更快进入市场。对 FDA 来说，检查细菌、病毒和其他生物制剂可能造成的污染尤为重要。作为一个预算紧张的政府机构，FDA 是否有足够的资源去实地考察这些工厂，并透彻了解它们的技术以对其进行评估？"除非你有一个完全无菌的工厂，有洁净室，生物反应器由机器人操作，否则食品被污染的风险仍然存在。"

乌尔加夫特说。好的一面是，受高度控制的生物反应器能够被实时筛查，甚至能够利用云端数据进行远程评估。相较之下，工业化农场的通道戒备森严，肉类包装厂的工人安全也不合格，疫情期间的很多丑闻就是证明。我们认为存在监管和法律两方面的保护，但保护在哪里呢？

　　甚至 FDA 那些负责监管医用动物组织培养的专家，也认为培养食品级的肉类是一个棘手的问题。在一次关于使用动物细胞培养技术生产食品的公共听证会上，FDA 的消费者安全官员杰里迈亚·法萨诺（Jeremiah Fasano）称，即便传统肉类和实验室肉类完全相同，安全顾虑依然存在，比如不同的次级成分 —— 生物体特有的辅助生长的物质和化学品，又如预期外的代谢物 —— 细胞呼吸的中间产物、副产物和终产物。生长中的活细胞会产生大量的代谢物。"恰当地说，生物生产系统相当复杂。"法萨诺说。

　　听证会上的另一名专家是保罗·莫兹吉克（Paul Mozdziak），北卡罗来纳州立大学养禽学教授。他谈到扩大生产规模的挑战，回应了乌尔加夫特的担忧，"（实验室中）每个转移的地方都有可能让污染进入，包括细菌、微生物、病毒的污染"。这里的诱惑将是使用抗生素，抗生素不仅不受畜牧业的欢迎，很多专家也认为它对公共卫生的威胁比气候变化更严重。在高技术生产环境中，安全规则必须一丝不苟地严格遵守，而这很大程度取决于员工的仔细程度。"在细胞培养中，大部分的污染其实是人员问题。某人若在某个环节出现了纰漏，将很难追查。"他说。

　　在污染之外，还有其他值得思考的方面。这些细胞是克隆的，而万亿量级的克隆将产生基因变异。变异不是随时发生，但炸弹就埋在那儿。在《十亿美元汉堡》（*Billion Dollar Burger*）中，马克·波斯特告诉作者蔡斯·珀迪（Chase Purdy）这是一个可能发生的"灾难"。在每一次复制中，DNA 都"可能发生基因突变"。这将生成不稳定的细胞，对于计划大量制造细胞培养肉的初创公司而言，这是一个挑战。我们被告知，吃下这些经过基因改造的细胞，不会对健康造成威胁。但我们最好不要轻视这一点。

对安全性、病毒暴发以及"弗兰肯斯坦式食品"的恐惧，或许会被一次次推动我们接受细胞培养肉的灾难抵消。2001 年，英国暴发口蹄疫，致使 600 多万头牛和羊被捕杀和焚烧。2019 年，非洲猪瘟在中国肆虐，导致全球最大规模的生猪群死亡。在这一年末，新冠疫情首先在中国暴发，接着迅速席卷了全球。据报道，新冠疫情最早出现在生鲜市场，但是许多人将更深层次的原因指向人类对脆弱的生态系统不断地入侵，以及占用越来越多的土地饲养供食用的动物。到 2020 年末，新冠疫情仍然将我们隔离在家，并彻底改变了我们的一切。

细胞培养肉不可能在厨房中像腌泡菜一样由你自己动手制造。我们会在意食品的飞速进化，超出自己的理解吗？吃豆腐或天贝难道不是更好吗？人们普遍认为，经常食用红肉有害健康。一些研究还指出，工业化牛肉中的血红素有致癌作用。草饲牛肉中的血红素不同，但还没有关于其影响的结论性研究。每天食用细胞培养肉也会对我们的健康同样有害吗？科学家能够调整细胞来减少饱和脂肪酸和胆固醇吗？相关的问题是无穷无尽的。

结论是什么

"在我看来，大部分消费者只会去寻找最美味的食材。"布鲁斯·弗里德里克说。在旧金山市区的一家豪华酒店里，我跟他隔着一张巨大的会议桌面对面坐着。"如果他们喜欢奶的味道，价格又合理，我认为不会有很多乳制品消费者坚持奶要从牛身上挤出来。"那是 2019 年 9 月，弗里德里克和我一同参加了好食品研究所举办的植物肉和细胞培养肉年会。弗里德里克是一名立场坚定的动物权利活动家，曾在善待动物组织（PETA）和农场动物避难所（Farm Sanctuary）担任管理职位。尽管他毫不动摇地站在动物保护这边，传统肉类的大佬——普度农场（Purdue Farms）、泰森、JBS——现在也会被邀请参加他的会议。不过，在两天的时间里，会议的参加者只享用到了植物性的美食。我吃了所有的菜品，其中包括一道可口的"炸鸡"，"鸡肉"有着可以撕下来的逼真的仿肌肉纤维。它是由沃辛顿食品生产的，我在第 3 章里提到过这家公司，它是第一批致力于将植物转变为肉类的公司之一。

美味很有用，但萨斯喀彻温大学的皮特·斯莱德（Peter Slade）在他的一项研究中假设了一个问题：在味道和价格都相同的情况下，你会买哪一种汉堡？ 65% 的人选择了牛肉汉堡，21% 的人选择了植物肉汉堡，细胞培养肉汉堡有 11% 的人选，而 4% 的人选择什么都不买。

这些都停留在预测和猜想。未来，相互竞争的观念会创造出一个进一步分级的食物系统吗？这个系统是否基于不同人口群体的购买力差异，就跟目前我们所处的不平等结构一样？针对渴望便利的弱势人群进行定向营销，配以垃圾食品的低价格，让这些群体的健康持续恶化。接着我们被卷入了一场疫情中，我们最弱势的群体受到最惨烈的创伤。

在《石板杂志》(Slate)的一篇文章中，未来创新专家斯帕克曼写道，细胞培养肉"会持续地扰乱代谢的亲密关系，这种关系根植于身体对食物来源的直接体验"。未来我们会如何向下一代传授生态意识？让一个孩子知道苹果生长在树上，牛的价值高于它们细胞的价值，是多么重要。斯帕克曼"深深地热爱着食品化学"，以及"拆开食品再将其组装回去"的过程中无限的可能性。但这么做的代价是我们不再了解食品的制作过程。细胞培养肉不能简单地把动物排除在外。"这就是理性思维让我们失望的地方。牛确实存在，并参与到了一个循环之中，它们有一套自身的免疫系统，也是更新地球而不是养活人类的链条的一环。"她说。

细胞培养肉也有可能重蹈河马的覆辙。20 世纪早期，河马被认为是一场迫在眉睫的蛋白质危机的解决方案，但这场危机从未发生。在 2013 年 12 月 28 日的《连线》杂志中，《美国河马》(American Hippoptotamus)的作者乔恩·穆亚勒姆（Jon Mooallem）谈到应对肉类短缺还有其他的"另类方法"，这包括进口羚羊，建造鸵鸟养殖场。"他们基本对一切事物都持开放性的态度，但最终你会得到一系列地方性食物系统 —— 一个非常'迈克尔·波伦式的想法'。"穆亚勒姆说。

故事最终未能如此上演。我们没有得到河马，却得到了只限于几种动物的工业化农业。工业化农业带来了廉价的肉类，导致我们对肉类的需求增加。这进一步将有着丰富生物多样性的小型农场转变为只种植很少几种作物——玉米、大豆和小麦——的大型农场。

　　在我们等待细胞培养肉上市的时候，有很多亡羊补牢的措施可以先行。善待已经耕种的土地，改良土壤，支持再生农业，关注生物多样性和作物弹性。如果你吃肉，请购买草饲、散养的动物，以支持当地或区域性的再生农场家庭。从实施了碳固存的牧场购买是更佳的选择。在更有效地利用资源上集思广益。减少食品浪费——把食品给有需要的人而不是扔掉。最后，把饮食从以肉类为中心转为以植物为中心。

　　瓦莱蒂曾公开表示，等孟菲斯肉类的生产设施投产时，他愿意邀请大家参观。作为一个美食爱好者，只要能够走到后厨，了解食品的制作过程，这类活动我都会积极参与。我喜欢参观工厂，还记得小时候跟我爸一起去参观蓝钻扁桃仁工厂的情景。机器和装配线创造出了效率的奇迹。但如今情况不同了。想象一下，你和好奇的孩子们站在那里，你试图向他们解释这些大型的不锈钢罐子和里面的东西。那将是一场让人兴奋的对话——科学家们已经找到了一种在罐子里养肉的方法！或者这会作为一条警示的信息——许多年前我们还吃过动物。或许，在工厂的隔壁，孟菲斯肉类能够开辟出一块小小的农场供孩子们参观。在那里，他们能模仿牛的哞哞，鸡的咯咯，鸭的嘎嘎。当然，或许有一天我们不得不向我们的后代解释什么是农场——曾经，很久以前，我们还在户外的土地上种植粮食。

第 9 章

我们是否购买他们销售的东西

利润还是健康

环保活动家苏西·埃米斯·卡梅伦（Suzy Amis Cameron）是五个孩子的母亲，也是导演詹姆斯·卡梅伦（James Cameron）的妻子，对她而言，通往素食的道路非常清晰。8 年前，在观看了纪录片《刀叉下的秘密》（*Forks Over Knives*）后，卡梅伦夫妇一夜之间便决定转向植物性饮食。接着，他们出售了所有跟自己新的生活方式背道而驰的投资。这包括关闭在新西兰（以乳制品出口闻名）的一家乳品厂，将其改造成一个有机农场。"从内心深处，我希望每个人都是纯素食者——这对环境更好。那将是一个所有人共赢的局面。"她告诉我。

卡梅伦和我在一个名叫未来食品 2.0 的活动中认识。在旧金山海滨一个拥挤的 WeWork 共享办公空间里，植物性食品的初创公司分发着各种样品，现场座无虚席。随后，卡梅伦参加了一个关于植物性食品投资的小组讨论。除了新西兰的农场，这对夫妇还在加拿大的萨斯喀彻温省投资了一个种植、收获和加工豆类的设施。为了让更多人吃到豌豆和小扁豆，卡梅伦还创建了一家叫作一日一餐（One Meal A Day）的食品公司。在卡梅伦的眼里，意识重于物质。如果每个美国人每天吃一顿素食，持续一年，这将"相当于在马路上减少2700万辆小汽车"，她说。拯救这颗星球刻不容缓。"我们必须要意识到得为环境做些什么了。如果没有一个赖以生存的星球，那么我们是否开着电动车，是否有一座漂亮的房子，是否健康，都无关紧要。"

　　什么更重要——我们的健康还是我们的星球——似乎一直都是症结所在。世界自然基金会（WWF）正在努力传达二者同样重要的信息。在一则新的报告中，这个非营利组织提出"世界各国饮食习惯的转变能够扭转食物系统的负面影响"。改变我们的饮食以及种植、处理和分配食物的方式，将同时改善人类和地球的健康。在技术如何重塑我们的食品这个话题上，WWF的全球首席食品科学家布伦特·洛肯认为细胞培养肉和植物肉都有潜力。"我只是还不确定有多大潜力，"他说，"我怀疑它们是否能够扩大生产规模，从而产生足够的影响。但是……一切都不得而知。就细胞培养肉而言，我们必须要从健康和环保的角度同时审视它。不能说细胞培养肉对于生物多样性更友好，产生的温室气体更少。如果它对你的健康不利，那就会造成很大的麻烦。我们看到大量的公司在兜售植物肉汉堡，但它们不一定就比真正的（肉）汉堡更健康。它们必须为两者（健康和环境）服务。"

　　这也是我所希望的，但我不能将人类健康置于更低的位置。它太重要，也容易降级为一个屈从于利润的次要项目。因为患有1型糖尿病，我必须时刻保持警惕，了解我的食物到底有哪些成分。但是我也有人性的弱点，当我放松、懈怠、自欺欺人，或是远离了低碳水、低加工的饮食时，我就会经历一触即发的生理后果。虽然存在这些复杂问题，但我能负担得起农夫集市的产品，也能在家烹饪健康饭菜。如果有问题，我能发邮件咨询自己的内分泌科医生。我的优越条件是显而易见的。而对于众多的美国工薪阶层而言，情况是相当不同的。他们努力赚钱，为的是买得起健康的食品，在家做饭，找时间来阅读学习。这些人面临着由我们食物系统特有的结构性不平等造成的致命后果。

食品行业的首要目标是销售商品，而不是提供健康的食品。当我们漫步在超市，点击 Instagram 上的广告，或是塞满网上购物车时，都要记住这一点。虽然现状可能已经发生了微妙的变化，包括重新制定成分标签的尝试——去除添加剂和合成食用色素，减少糖和钠——但它还是现状。我们仍然被含糖汽水、糖果、零食的汪洋大海吞没，虽然多年以来，大家都同意它们对我们身体有害，但市场依旧在掠夺受危害最严重的群体。

当我开始写作本书时，需要花时间去了解这些新的公司如何将他们的食品推向市场，传递的信息会是什么，既然利润在一段时间内遥不可及，那么他们的（其他）主要目标又是什么？创造这些新型食品，是为了拯救地球、拯救动物，还是把我们从糟糕的饮食选择中拯救出来，而这些饮食选择本身就是食品巨头酿成的后果？

在实现远大抱负的同时，新型食品初创公司需要让他们的产品更美味、方便和廉价。想要锦上添花？再贴上清洁标签。以人人都能负担的价格提供食品，以有竞争力的低价将原料卖给其他公司，对于他们都是挑战。新型食品公司在研发中投入了数百万美元，这跟制药业类似，只是监管更少。一旦他们完成了创造"食品"的艰巨任务，要将产品以等同甚至低于其模仿对象的价格出售，还必须扩大规模，以匹配一个几十年来不断增长的商品市场。

但这些新型食品真正关乎什么呢？是气候、动物，还是我们？我接触的专家中，大部分人（如果不是全部）最后都把目光投向气候危机，因为它与我们的食物系统直接相关。"问题只是我们吃了太多的肉。"斯帕克曼说。为了改变这样的趋势，我们必须从根本上改变解决问题的方式。"我们用一项技术修复自己酿成的问题，而不是解决（深层的）问题。"说比做容易。斯帕克曼指出，细胞培养肉公司对我们讲述的故事是，杀戮动物是错误的。"这个论点在'那个'价值体系中能发挥作用。"用实验室培养的肉类拯救地球会产生更多的问题——将食品分解为其分子构成，认为这样能够去除多余的物质，而不会产生任何有害影响。但这是一个可以讲述、可以售卖的好故事。"这能让更多的人赚到钱。"她说。

拯救环境，停止屠杀动物；为已经盆盈钵满的投资者创造更多利润。我们需要谨慎地站在两者之间的某处。

发酵叙事

我们食物中的很多风味本质上都是由微生物促成的。仅仅是酵母菌家族，其成员就有大约 1500 种，但其中只有一小部分为食品和饮料工业所利用。我们称颂着它们在啤酒、葡萄酒、奶酪和酸奶中的妙用，但除此之外，"微生物"这个词也让我们联想到疾病和病菌。2020 年的新冠疫情，加剧了我们对看不见的微生物的恐惧。微生物学家安妮·马登（Anne Madden）希望改变我们的观念。"我的人生使命是揭示我们周围微生物的作用。"她说。她在一只黄蜂的腹部找到了自己的第一种商业化酵母。稀奇古怪，没错，但是它已经被用来制作酸啤酒、苹果酒和日本清酒。这种稀奇古怪我倒是能接受。

很难用语言描述马登从事的工作。"啤酒厂会认为'野生酵母'意味着很难处理；但消费者会认为这意味着天然健康。"公司如何选择描述食品的措辞，对于我们的理解至关重要。"消费者教育"是本书中大部分初创公司的头等大事。当然，对于这些新型食品，贴上"人工"或"仿制"的标签会更简单，但这两个词都有负面含义。"并不是因为来源奇怪，只是我们在谈论它们的时候会感到不舒服，"马登说，"挑战在于，如何优雅地教育公众，使他们能够做出明智的决定？"虽然马登希望利用她的聪明才智加上一些运气，找到新的酵母菌用于酵母既有的用途，但是本书中的食品制造商正在试图破解微生物密码，从而生产别的东西。对马登来说，第一步是使用不会无意造成误导的语言。

"发酵"在啤酒生产中相当重要，这个词也是合成生物初创公司向世界推销其"更优"产品承诺的基石之一。这种市场营销几乎是即插即用式的，它借着近 20 年手工酿造啤酒流行的东风，轻松俘获了年轻一代的消费者。在一部 2020 年的纪录片《肉类的未来》（*Meat the Future*）中，孟菲斯肉类的一名科学家说："我们将这些细胞放在一个人工环境中，试图让其生长。就像你在酿造啤酒时，在罐子里培养酵母菌一样。"该片由加拿大人丽兹·马歇尔（Liz Marshal）导演，她的作品主要关注环境保护和社会议题。当她在放映纪录片《我们机器中的幽灵》（*The Ghosts in Our Machine*）时，认识了好食品研究所的布鲁斯·弗里德里克，这部 2013 年的电影讲述了畜牧业的阴暗面。弗里德里克帮助马歇尔走进了细胞培养肉的世界。

这个合成生物学–酿造平台对于新型食品的生态系统极其重要——但不像酿啤酒，你知道什么进了罐子（谷物、酵母、热水、啤酒花和香料），什么会出来（啤酒），这些新奇的、不在动物体内生长的蛋白质由何种方式制造，我们知之甚少。对配方和过程保密被说成是迫不得已的事，技术专利则是向投资者保证他们下注的马儿一定会胜出。

2017 年，当我跟不可能食品的帕特·布朗交谈时，他告诉我，申请专利能让他"更自由地谈论"生产过程，包括他们是如何制造血红素的，这个过程不是发酵——微生物对某种物质的化学分解。"我们不是一个巨型企业，"布朗说，"我们很脆弱。"他指的是十多家掌控市场的跨国食品与饮料公司，可能会趁机利用他的公司辛勤工作的成果。"我们的策略之一是不准备依赖商业秘密。"这又是指食品巨头。"如果获得了一种关键的知识产权形式，我们将会为它申请专利，这意味着作为这个过程的一部分，对于必须申请专利的东西，它也必须被分享。"到 2019 年底，不可能公司有 139 项专利申请，但其中只有 16 项被批准。

需要声明的是，我不是任何食品公司的投资者，但是有时候会这么幻想。为了理解食品技术投资者的心态，我跟藻类食品的投资者布赖恩·弗兰克聊了一会儿。他拥有一家食品和农业风投基金——FTW 基金，专注于那些利用"负责任的科学"重塑我们食物系统的公司。这种使命感是创始人和投资者的共同点。几乎每个人都愿意相信他们是在解决问题，改变旧观念，以更好的食品供给市场。当奇迹面包（Wonder Bread）创立的时候，它旨在给美国人提供一种品质如一的三明治面包，能够在柜台上存放两周，还保持柔软和蓬松。然而事实是这种面包毫无风味，一包的纤维含量不到 1 克。但它仍被欣然接受，直至遭到抛弃。

我跟弗兰克在旧金山市中心的一家咖啡店见面。店里人声嘈杂。我们旁边的每张桌子，都坐着一对科技迷，他们一边啜着卡布奇诺，一边大声地聊着各自的商务会议。一头金发、戴着眼镜的弗兰克语速极快，他似乎认识这里每个人。他的投资小名单包括了蒲兰波、平方根（Square Roots）和普罗珀食品（Proper Food）。这份名单还不错。但因为我们身处旧金山湾区，我不得不问，为什么没有投资别样肉客或不可能食品？为了表明他的观点，他狡黠地反问我："你愿意跟风热门的投资吗?"他摇了摇头，回答了自己的问题："我愿意投入'现在不热，但将来会热'的项目，而不会选择当前人们狂热追捧的那些。"由于两家公司的估值一路飙升，以及别样肉客 IPO 的巨大成功，我追着让他再说几句。"我宁愿在别样肉客之前先选择不可能，因为不可能拥有技术，这很关键，但 2020 年说这些就是后见之明了。当然，我宁愿两家都投了钱。"他笑了。

对不可能食品和其他类似的公司而言，申请新型食品的专利是一种方式①，用来表达它们的功能远不止维持基本的生命。为我们的生活带来崭新而关键的升级，是这些新型食品公司的应许之词。明日的汉堡，例如，不可能3.0，这还没有生产出来——如果已经生产出来了，那就是他们还没发布新闻稿——但这些是能够尝试的，就像下载最新的升级软件。阿列夫农场的网站告知我们，公司更先进、更健康、更人道，免屠宰的肉将提供一种"全新的顾客体验。"

媒体对未来食品的报道往往是褒赏而非批评。它们被当作开胃菜，或一次计划中的旅行——是值得翘首期盼的东西。初创公司指望着消费者日益熟稔这些新的食品，他们想方设法来让自己所做的事看上去正常。这样的愿望，通过在一款新产品发布前讲述的动人故事，网络上的视觉呈现或手机的应用程序，得以实现。他们雇用了食品造型师和摄影师。这些营销照片，就像我们见过的任何一张印着硕大多汁的汉堡的海报。还记得卡乐星（Carl's Jr.）雇用泳装模特吃"酱汁滴落的汉堡"吗——就像那样，只是没有了性暗示。特写镜头里，人们双手紧捏着夹着豌豆蛋白肉饼和配菜的芝麻圆面包。一品脱看上去很美味的冰激凌里含有无牛乳清蛋白。细胞培养鱼切成小块装进一个波奇碗。在阅读了不到500字的文字后，我们就会发推特介绍它们，在社交媒体上谈论它们。我们成了它们进入市场前的传道者。

在我进行调查和写作本书的中途，一些赞誉植物肉的论调

---

① 皆食得拥有大约40项专利，其中几项是从威廉·范埃伦（Willem van Eelen）那里获得的。威廉·范埃伦是最早考虑用实验室培养肉消除饥饿的科学家之一。——作者

开始转向。营养学家开始批评不可能食品和别样肉客的汉堡事实上没那么健康，只不过是另一种超加工快餐，这些食品同样会增加我们未来患心血管疾病的风险。

2020 年，在劳动节这个以庭院烧烤闻名的节日前，一场针对超加工食品的战争因在《纽约时报》刊登的一系列整版广告而扩大。战火由轻生活煽动，这家公司销售天贝、汉堡和热狗等植物性蛋白。广告的标题是：一封致别样肉客和不可能食品的公开信。副标题是：够了。"受够了超加工成分、转基因、不必要的添加剂和填充剂，还有假血。"轻生活继续宣称，它正与"你们两家'食品技术'公司彻底决裂"。这家"真正的食品公司"认为"人们应该吃厨房里制作的，而不是实验室中开发的植物性蛋白"。作为回应，不可能食品迅速地在 Medium 上发布了由其公关团队撰写的反驳文章。

他们写道，轻生活的广告是一场"不诚实、孤注一掷的诽谤活动，试图让人们怀疑我们产品的诚信"。不可能食品很快指出轻生活是由枫叶食品（Maple Leaf Foods）①所有——这家公司更有名的是包装肉类。别样肉客通过一封发给食品潜水者网站的邮件，做出了回应。跟不可能食品不同，他们没有继续回击，而是指出他们的汉堡"由简单的植物性原料制作"。没有转基因成分、合成添加剂、致癌物、激素、抗生素和胆固醇。作家和营养学教授玛丽昂·内斯特莱（Marion Nestle）是一个从不会在战斗中缴械投降的人，她写道，在她看来"这些产品之间的差异微乎

---

① 除了轻生活，这家加拿大公司还拥有著名的素食品牌田野烤肉（Field Roast），2019 年的营收接近 40 亿美元。——作者

其微"。它们看不出来源，是工业化生产的，而且不能在家庭厨房里制作。

这场以牙还牙的战争还在继续。接下来，一个新竞争者跳进战场，推出了他们自己的整版广告。普兰特拉——刚在美国的克罗格超市推出了新的植物肉汉堡——写道，他们必须"负责任地对别样肉客和不可能食品说一声感谢，是他们让一道光照亮了植物肉领域，帮助这个行业提升到如今的地位"。这家位于科罗拉多州博尔德的公司没有透露的是，它的主要原料供应商是真菌科技，我在第 2 章提到过——现在为全球最大的肉类加工企业 JBS 所有。

如今，我们往往会对食品做出一些普遍的假设。更少的成分、更少的加工以及熟悉的原料就更好。在这个等式中，企业生产食品的动机还重要吗？在《即将到来的餐食》中，瓦伦·贝拉斯科写道："食品行业盈利的主要方法，是将热量浓缩进高度加工、高附加值的牛排和零食中。"虽然他的书写于 2005 年，但情况几乎没有改变。我也是这个食物系统的一部分，需要那些公司和我分享信息，因此我也会不断地挣扎自己能够做到多诚实。

或许是因为我吸收了太多玛丽昂·内斯特莱的观点。在她所写的关于我们食物系统的众多著作中，内斯特莱对我们的营养知识，特别是对食品巨头，包括这些初创公司，有很多批评。我情不自禁地记起她说过的话："我必须说，人们应该永远对突破保持怀疑态度——如果一些东西看上去很魔幻，它就可能不是真的。例如，根本就没有超级食品这回事。"

蛋黄酱的故事

2013 年，总部在旧金山的初创公司皆食得推出了他们的第一款产品，无蛋的植物性蛋黄酱。这款蛋黄酱仿制品收获了诸多好评。就好像这个世界从来没有见过调味品一样。一些媒体写道："创始人乔希·蒂特里克正试图从蛋黄酱开始改变世界。""他们投入两年时间研发，终于找到了不用鸡蛋制作蛋黄酱的方法。"当时，关于 33 岁的蒂特里克的故事层出不穷。记者报道这家公司的产品、投资，以及打着可持续名号使用的令人惊叹的先进技术。

但问题是，这个产品实际上早已经有了。素蛋酱（Vegenaise）——纯素食（vegan）和蛋黄酱（mayonnaise）两个词的混搭——最早是在 20 世纪 70 年代中期，由位于加州圣费尔南多谷的跟随你的心公司（Follow Your Heart）研发。在成为如今的素食产品巨头之前，跟随你的心是一个天然食物市场，里面还有一家温馨的二十二人素食咖啡馆。1974 年，咖啡馆提供的主打产品之一是杰克·巴顿（Jack Patton）用大豆卵磷脂制作的卵磷脂酱（Lecinaise）。鲍勃·戈德堡（Bob Goldberg）是跟随你的心的联合创始人兼首席执行官，他把卵磷脂酱用到了每样食品里，称其为他的"秘密配方"。之后不久，谣言四起，说这些本不应该含有鸡蛋的蛋黄酱实际含有鸡蛋成分。戈德堡赶紧联系杰克·巴顿，后者向他保证产品中没有鸡蛋、防腐剂和糖。戈德堡放心了。但加州食品和农业部却没有。该机构突击搜查了巴顿的卵磷脂酱生产工厂，发现工人们正在把常规蛋黄酱外面的标签浸泡掉，再贴上自己的品牌销售。

戈德堡崩溃了。他的咖啡馆已经离不开这个产品。他向其他制造商求助。"但他们都坚持说，没有鸡蛋就做不出蛋黄酱。"他说。他在自家的厨房里，搅打着一批又一批原料，希望达到理想的味道和黏稠度。最终他用杏仁油混合豆腐渣获得了成功。但不幸的是，当他们在 1977 年将产品首次推向市场时，杂货店并没有将它们存放在冷藏区，导致产品出现油层分离。跟随你的心将产品下架，计划等他们解决这个问题后再重新推出。而后他们潜心耕耘了 10 年。1988 年，他们用自己的工厂设备，以芥花籽油代替杏仁油制造出新的产品，并祈求消费者能够接受这样一款冷藏产品。最终他们做到了：这款产品至今仍然是公司的销量冠军，有 10 个品种，在数十个国家销售。

蒂特里克的蛋黄酱和跟随你的心的素蛋酱之间的差异甚微。蒂特里克让他的产品实现了耐储，因此能在货架上安全保存 6 个月。素蛋酱的成分更少，必须冷藏保存。耐储的产品需要使用凝胶、黏合剂或稳定剂。蒂特里克在产品中加入了变性淀粉。但皆食得并不是首创者。好乐门（Hellmann's）、贝斯特食品（Best Foods）和卡夫生产耐储的蛋黄酱已经有几十年的历史。这就让我们不禁好奇为什么世界会为一款已经存在于我们货架上的调味品陷入疯狂？

蒂特里克在亚拉巴马州长大，浓重的南方口音让他在硅谷很是引人注目。这对媒体来说像是一种魔力。他夸夸其谈，巧舌如簧，宣称自己要"让鸡蛋被淘汰"。不要小瞧他这种吹嘘的力量。蒂特里克是首批提出要终结我们对动物蛋白的依赖的创始人之一。他跟记者解释说，就能量投入输出比而言，培育一颗鸡蛋要远远超过种植一株农作物。这种说法量化了可持续发展的理念。它吸引媒体争先恐后地报道。投资者的鼎鼎大名，包括比尔·盖茨、彼得·蒂尔（Peter Thiel）[①] 以及科斯拉风险投资公司（Khosla Ventures），也很有用。这款蛋黄酱引爆了社交媒体，就像素蛋酱从来没有存在过一样。

但它是存在的，它的发明者戈德堡是一个习惯了远离聚光灯的全能型好人。戈德堡说，皆食得的蛋黄酱卖得越好，他的素蛋酱就会有越高的销量。戈德堡是洛杉矶休闲风的典范。年过七旬的他身着一套短衣裤和凉鞋，留着长长的灰色马尾辫。他拥有的唯一时髦的物件是辆红色特斯拉，牌照上写着 VEGNASE。戈德堡不举办媒体活动。事实上，在皆食得的蛋黄酱推出之前，他都没有聘请过公关。那之后，跟随你的心出来讲述了自己的故事。"我们不可能不这么做。"戈德堡有一次告诉我，这么些年我们有过多次交流。"我感到自己受到了冒犯。每次我看到文章介绍这种不可思议的、新奇的、没有鸡蛋的蛋黄酱，我都觉得难以置信，难道就没有人去谷歌上搜索一下，我们的产品已经存在几十年了。"他说。

这年头，任何"新"的东西都能被报道。《福布斯》杂志在2013 年报道了蒂特里克的蛋黄酱在全食超市推出时的情况，对这家初创公司大加赞赏。他们写道："汉普顿溪检验了 1500 种植物的分子属性，以找到最适合乳化为蛋黄酱或在煎锅里像炒蛋一

---

① 毕业于斯坦福法学院，PayPal 创始人。——译者

样凝固的品种。"若是看一眼成分标签，你能看到皆食得在配方中同样使用了芥花籽油。"他们公司里的一个人告诉我，他们那儿到处都是素蛋酱的瓶子。"戈德堡说。

狂热或许已经消退，但是事情又出现了转折。2014 年，联合利华（畅销的好乐门蛋黄酱的所有者）起诉汉普顿溪在产品标签上使用"蛋黄酱"这个词。2016 年，蒂特里克被指控指示员工回购产品，人为夸大产品销售额。在这些颇具杀伤力的新闻过后，塔吉特百货以食品安全顾虑为名，撤掉了所有门店的皆食得商品。联合利华最终由于负面舆论的反弹，放弃了诉讼。但 FDA 仍在调查此案。它最终同意皆食得修改产品标签，移除鸡蛋的插图，添加"沙拉酱"这个词语。2017 年，为了让公司与媒体负面报道划清界限，蒂特里克的公司将其名字从原来土里土气的汉普顿溪更换为更简单的（但很难在句子中使用）Just（意为就是）。

如今我们在购物时，需要对创新以及随之而来的山寨产品加以辨别。加勒特·奥利弗（Garrett Oliver），布鲁克林啤酒厂的首席酿酒师，告诉我一年前他买了一罐皆食得蛋黄酱，发现里面不含鸡蛋后，"简直气坏了"。他的愤怒有两方面原因：一是它叫"蛋黄酱"，二是它叫"就是蛋黄酱"。奥利弗花了很长时间思索食品如何随着时间变化。他常常用啤酒来举例。"我的基本思路是通过啤酒看现实的演变，这种演变存在于 19 世纪到 20 世纪初，然后是食品从真实的东西向仿制品的科学转变。"奥利弗叫这种现象为"黑客帝国"。在啤酒业中，变化始于大型啤酒厂想让世界各地的啤酒味道都一样。啤酒依赖于不断变化的作物和微生物将粮食转化为酒精，曾经是庞大而种类繁多的产品，后来却变成了一成不变、风味寥寥的饮料，如今只能通过高度多样化的精酿啤酒再次回到过去。在奥利弗幼年时代的超市里，面包吃起来不像面包，奶酪只有 4 种。"那是一个巨大的谎言，每样成分都是假的，"他说，"如果你能让人们忘掉真实，那你就能用别的东西替代真实。"我们 20 世纪货架上的仿制品——奇迹面包、人造黄油和 Velveeta 奶酪，跟这种奶油质地、无鸡蛋的皆食得蛋黄酱有什么区别吗？

皆食得用了 4 年多推出皆食得蛋，这是一种液体蛋，主要成分是绿豆蛋白。蒂特里克故技重施：在产品商业销售前组织了浓墨重彩的媒体推广。他邀请记者（包括我）来试吃皆食得蛋，让他的米其林星级厨师现场制作煎蛋饼。他告诉我："在味道上，它不需要尝起来像普通的鸡蛋，因为它是最顺滑的。我们希望它比农场的新鲜鸡蛋更优秀。"这些煎蛋饼呈现出鸡蛋一般的金黄色，确实顺滑美味。但它不是我喜欢的鸡蛋。为什么不给它起个新的名字呢？这一次，如果说蒂特里克有什么失误的地方，就是公司没有选择上市，皆食得蛋获得了主流消费者的欢迎和极为可观的销量。在 2020 年末，公司称已经售出的产品相当于 7000 万枚鸡蛋。

"市场营销应该用一种诚实的方式让人们了解你的产品，不要故弄玄虚。"戈德堡说。但这些创始人显然不同。蒂特里克所做的，不过是这个圈子里其他人正在做的。大声地讲述故事，让产品像是原创的，或是首开先河的（即便它不是）。早早地站在记者前面，争取他们的支持。从投资者那里筹得资金，再用这些钱把故事变成现实。

当我跟蒂特里克在他位于旧金山的开放式办公室里见面时，他对我说："如果专注于我们描述的东西，人们就会选择我们，而不是牛肉和豆腐。"没错，描述它，然后实现它。一方面，人们对鸡蛋的需求有增无减；另一方面，仿制品市场的选择多到爆炸。我们的食品选择正变得越来越复杂。人们没有时间去厘清过剩的信息、诉讼与反诉讼，在充分知情后做出决定。到最后，最便捷的就是赢家。

在我跟奥利弗交谈的几周后，他用邮件发给我一张他在布鲁克林当地超市拍摄的照片。照片里，一瓶皆食得蛋放在一盒真正的液体鸡蛋清旁边。他写道："看看'蛋'这个字的大小和颜色，再看看挨着它的一行字的大小。"在瓶子顶部，用小号字印着："植物制成（不是鸡）。"

"这是彻彻底底的欺骗。"他写道。超市零售数据显示，将植物性产品放在真正的替代对象旁边，会提升植物性产品的销量。难道是因为消费者拿错了商品？我发现自己越来越多地购买皆食得蛋，因为我喜欢它，倾向于吃进更多的植物。但我很难反驳奥利弗的观点。

真与假

给下一代生物类似食品命名有诸多复杂之处。在过去，新型食品的品牌管理被委托给私人专家小组，现在这项工作被带入了公共领域。每一方都有自己的意见，包括 FDA、游说团体、食品协会、法律机构（比如美国公民自由联盟），以及企业家。2019 年 1 月，FDA 向消费者征求了对于将经典乳制品名称用于类似植物性产品的意见。虽然消费者能够发表他们的个人看法，但这些意见却鲜有下文。实话实说，大部分人都懒得花时间去关注和提出意见，我们不过是对着空气表达不满，接着继续自己的生活。

在 FDA 介入之前，市场上已经存在着几十种仿制乳制品，消费者会开开心心地将它们放进购物车。豆奶从 20 世纪 80 年代起就成了一种常见饮品。那么又何必大惊小怪呢？这取决于你如何看待它们，或是因为美代子·辛纳（Miyoko Schinner，在素食圈里以制作植物性奶酪出名），或是因为贾丝明·布朗（Jasmine Brown，像是一个追求金钱的律师的名字），她在 FDA 向公众征求意见一个月后就向辛纳提起了诉讼。

诉讼的问题概括起来就是用"黄油"营销腰果奶油制品是混淆视听。在这起集体诉讼的诉状中，律师写道，辛纳的美代子奶油公司在产品标签中不准确地使用了"乳制品"一词，它的包装看上去极像黄油的，盒子上有一条黄色的条纹（黄色代表着黄油！），并声明该产品"像黄油一样融化、褐化、烘烤和涂抹"。诉状称消费者可能会认为这款产品就跟真正的黄油一样，从而为每盒产品支付 6.99 美元。这就是问题所在。今天的纯素食黄油尝起来就跟真的一样。传统的乳制品——黄油、牛奶、奶酪和酸奶——还在坚持，但它们的地位岌岌可危。随着人们对产品由何而来、如何制作的认识和兴趣不断增加，手工品牌，无论是否经手工制造，现在已经能够随心所欲地定价了。

除了命名的问题，针对美代子的诉讼还认为，由腰果制成的发酵黄油和由牛奶制成的黄油在营养上也不同。你若是有兴趣，可以看到美代子黄油的主要成分是椰子油和葵花子油。它确实也包含了一些腰果奶油。一份产品100%都是脂肪，腰果赋予了它一些镁和铁。这很接近一份由牛奶制成的黄油——全部脂肪加上少量的维生素A。

可以理解，乳制品行业为什么感到恐慌。液体奶销量暴跌，大型商业乳品厂纷纷关闭，一些正在申请破产，利润变得更加微薄。在超市冷藏柜的非乳品区，品牌和种类似乎无穷无尽。改喝植物奶通常是转向植物性饮食的第一步。谁能反驳诸如"对你更好，对环境更好"以及"为了我们的身体、我们的行星和我们的未来"这类营销口号呢？ 2020年，牛津大学的人文地理学家塞克斯顿（Sexton）在一份关于植物奶政治的研究中认为，这是一次"美味的搅局"，并称"人们被鼓励去关心环境、健康和动物福利，从而接受了（植物奶），但最终仍然摆脱不了商品消费者这个身份"。

作为搅局者，植物奶与纯素奶酪没有可比性，后者口感很好，但尚不能对传统奶酪构成威胁。我们已经看到一个成熟的植物奶行业从推出产品，到市场营销，再到消费者接受和成分演变的全部策略。塞克斯顿从社会学家杰西·戈尔茨坦（Jesse Goldstein）的著作《行星的改良》（*Planetary Improvement*）中借鉴了"非破坏性搅局"的观点——"技术能够带来'解决方案'，却不能真正改变导致深层问题的原因。"塞克斯顿指向跨国公司达能，它同时拥有植物奶品牌和大量的乳制品投资。它的植物性饮品销售额在 2018 年达到 19 亿美元，还承诺到 2023 年将其增加两倍。在这样的情况下，达能能够停止生产乳制品吗？我对此深表怀疑。

当乳制品行业调整其优先策略——生产奶酪、乳清和酸奶，或是收购植物奶公司以对冲风险时，肉类游说者正忙着在他们自己的地盘上阻止植物肉公司使用"肉"这个词。第一个在法律中捍卫传统肉类定义的是密苏里州，该州于 2018 年 5 月通过了一项法案。在其中，肉类被定义为"牲畜和禽类胴体的可食用部分"并禁止个人"错误地将不是来自宰杀后的牲畜或禽类的产品表述为肉"。

支持这项法案的州众议员希望，如果 FDA 不对这些"混淆视听的蛋白质声明"采取措施，那么他们的《真实肉类法案》（Real MEAT Act，这里的 MEAT 代表"真实营销可食用的人工仿制品"）能够为美国农业部施行新的规定提供依据。另外几个州也效仿密苏里州，通过了相关法律以禁止植物性或实验室培养的蛋白质使用"牛肉"或"肉"这样的词语。不愿坐视不管的豆腐基公司（Tofurkey）——得到了美国公民自由联盟和好食品研究所的法律援助——就一项法律起诉阿肯色州，该法律禁止这家有着 40 年历史的公司在产品包装上使用"素汉堡"和"豆腐热狗"等名称。（这里我很好奇为什么没有动物保护者因为"狗"这个词起诉热狗生产商。）

美国公共利益科学中心在一封信中对美国农业部食品安全与检验局开炮，驳斥了这一连串的立法行动。他们写道，将"肉"或"牛肉"这些词的使用限制在传统动物制品，"对避免让消费者产生困惑是没有必要的"，他们还称"这些法律与其说是服务消费者的，不如说是代表着一种利己的做法，目的是限制行业间争夺美国民众餐盘的良性竞争"。他们认为任何对标签的裁决，都应该考虑到标签的整个语境。但是，长期以来，美国农业部维护着一小群人的商业利益，他们会如何回应这些更善于笼络消费者的新行业参与者，我们不得而知。而美代子公司在2020 年 2 月以言论自由为由，对加州食品与农业部提起诉讼。

大佬的营销剧本

食品技术初创公司正在借鉴大公司的营销策略，诸如雀巢、家乐氏、通用食品、泰森、百事和可口可乐。产品的上市和品牌定位至关重要。这些初创公司称他们的发明为"植物性"，而不是"多成分加工非肉类 / 非乳制品"。就像"天然"这个毫无意义的词一样，"植物性"能将产品隐藏在健康的光环之下，而它们实际对你并没那么好。你要是仔细琢磨，可乐也能算作植物性食品。

40 年前，当生化学家 T. 科林·坎贝尔（T. Colin Campbell）创造出"植物性"这个术语时，它意味着一些新的事物。那时，坎贝尔参与了一个调查癌症和营养之间关联的小组。素食在当时离主流认知如此之远，因此坎贝尔认为"植物性"这个词或许能够减少一些负面的联想。他后来所著的《中国健康调查报告》（*The China Study*）是一本讲述素食饮食优势的著作，影响深远。在书中，他还加入了"全食"一词，用在"植物性全食"的表述中，以避免暗示分离的营养成分——像是补充剂或是植物食品碎片——也能带来健康。

即便是在今天，当越来越多的人将他们的饮食转向更健康的方向，这一点也事关重大。食品包装上仍然在兜售着特殊的营养素、维生素，以及其他无与伦比的成分，以敛取我们的钱财。新型食品可能看上去或听起来更健康，但它们仍然是原料的组合，而不是一种完整的食物。

食品技术公司创始人是否利用技术创造出了更好的冰激凌，对环境负面影响更小的汉堡，还有待商榷，但是我们不妨看看这短短的几年中他们取得的进展。几乎所有大型超市都在销售别样肉客的产品，包括全食、沃尔玛、克罗格、西夫韦（Safeway）、塔吉特等。而超过 8000 家零售店和 17 000 家餐馆在出售不可能食品的产品，你还能从不可能食品的网站上直接订购产品。在不可能食品的会议室里，帕特·布朗向我宣布："我们不仅将成为历史上最有影响力的未来植物公司，我们还会成为历史上最赚钱的公司。"当他说这些话时，听上去就像一个邪恶的天才。我不禁联想到了强盗贵族①和华尔街的越轨行为，而不是一个渴望让世界变好的科学家。他继续着滔滔不绝的演说："我们会让（投资者的）财富比他们现有的多很多。"到 2030 年，肉类市场的价值预计会达到 3 万亿美元。

价格似乎不是关键。你可以花大约 5.99 美元买到一个普通

---

① 指 19 世纪美国实力强大的资本家，通过组建信托公司垄断巨大的产业，从事不道德的商业行为，剥削工人，不顾客户和竞争者的利益而致富。——译者

的皇堡，或是多花 1 美元买一个不可能汉堡。（在精品汉堡店，单个汉堡的定价在 18 美元到 22 美元之间。）有人在赚钱，几乎可以肯定快餐店将受益于客流量的增加。别样肉客选择了进驻超市这条路线，而不可能食品最初则专门跟主厨合作，希望能够借他们的信誉获利。不可能食品向阿拉梅达和圣克拉拉县的食品银行^① 捐赠了数百磅不可能绞肉 —— 有人猜测这是植物肉废料 —— 并派出厨师在"有趣的培训课程"中教授食品中心如何使用这些产品。在快餐之外，不可能食品还将产品配置在食品救济站^②，这使得产品在早期就接触到了那些没有食品保障的群体，当产品最终在快餐连锁店里推出后，这种用户黏度得到进一步加强。

　　为了在 2035 年前实现取代动物肉的目标，不可能食品需要让其产品大量、大规模地被采用。"我们正在启动汉堡之外的一系列原料生产，我们已经选定了目标。"布朗说。任何关注我们食物系统的人都应该清楚，它需要根本性的变革，但这些汉堡会拯救世界的说法让我警惕。

　　跟多米诺骨牌一样，这些公司正在迅速建立并奔向亚洲和非洲。在中国，食品安全是一个重大的公共卫生问题，消费者热切期待进口产品。虽然不可能食品在寻找当地的合作伙伴，以在中国建厂生产，但是这个时间表或许会受到新冠疫情的影响。据

---

① 通常是由民间机构发起的非营利组织，它们的工作是将不具商业价值的捐赠性食品收集、储存和分发给社会福利机构，一般不会直接将食品提供给弱势群体。——译者

② 食品救济站是一个社区食品分发中心，饥饿的家庭能够从这里得到食品。——译者

别样肉客的经销商称，其产品已经在中国香港地区的餐馆和零售店里售罄。

如今，我们能在菜店和线上买到植物性"牛绞肉"，也能在数千家快捷餐厅下单一个素肉汉堡，这股力量似乎不可避免、势不可挡。在 2018 年，白色城堡（White Castle）成为美国第一家供应不可能汉堡的快餐连锁品牌。2019 年，在美国拥有 7000 多家门店的汉堡王，宣布将在 4 月 1 号愚人节那天供应不可能汉堡。点餐者被捉弄了一番，他们原本下单的红肉汉堡被替换成不可能的植物肉饼。YouTube 网站上的一段视频分享了顾客得知真相后的吃惊反应。帕特·布朗很欣赏这个玩笑。"人们得到一个他们以为是用动物肉制作的汉堡，但被告知实际用的是植物肉，并认为这是一个愚人节玩笑——但它不是!"

拜麦当劳、汉堡王和卡乐星的扩张所赐，世界上 36% 的人口每天至少吃一顿快餐。如今这几家连锁店都会提供不可能或别样肉客的汉堡。快餐店最早以成功的创新和家庭的温馨受到我们欢迎。今天，我们还会为同样的创新欢呼吗？

这些连锁店并不支持健康的饮食，也没有宣扬植物性饮食。他们不过是在寻求新顾客，或是用新产品的承诺吸引已有的客户。首先，他们雇用主厨以笼络美食爱好者。其次，他们进入"天然"市场，俘获了妈妈们和健康狂人的心。最后，他们将产品推广到几乎所有的快捷餐厅，抓住美国中产阶层的胃。这是一个不那么隐蔽的操作——通过高速路和开心乐园餐渗入美国，不过是不信任他们的又一个理由。快餐连锁店是廉价、快速食品的发源地，为我们社会的心血管疾病、糖尿病和肥胖等健康问题推波助澜。由于自身情况，我被归入健康问题群体，或许正是因为如此，我才想要尽量将火把举得更高一些。除非我的想法被证明是错误的，否则我不会相信这些天花乱坠的炒作。

20 年后我们吃什么

预测未来是徒劳无益的，但我仍然会用整整一章来讨论这个问题：到 2041 年我们的餐盘里会装着什么？要观察我们饮食真正的结构性变迁，20 年的时间几乎只是瞬息之间。而如果要完成温斯顿·丘吉尔 1931 年在题为《思想与冒险》（*Thoughts and Adventures*）的随笔集中提出的设想，50 年的时间甚至都不够。他假设将来某一天，我们不再"荒谬地饲养一整只鸡"，而仅仅是"在合适的介质中分别培养出"我们想要的部位 —— 鸡胸、鸡腿和鸡翅。他同时还正确地预测了"微生物能够在受控的条件下工作"，就像酵母菌。丘吉尔的 50 年预测实际用了 80 年才变成现实。

　　那么为什么仍然要设定 20 年呢？因为我认为，今天的科技进步让一切提速，我们食物的变化将以更快的速度发生。50 年、100 年或 150 年都显得太过久远。因为别样肉客在 7 年的时间里就重塑了素肉汉堡，而不可能食品用 5 年时间就创造了他们的版本。

　　主厨戴维·内菲德（David Nayfeld）并不期待丘吉尔的合成鸡肉。内菲德（他的预测见下文）建议，是时候让人们学会欣赏动物不同部位的滋味了。"肉类的问题是，我们只吃一样东西。这是一种以自我为中心的世界观。"他说，"一头牛只有那么多的肋骨、隔膜肉、舌头……我们应该全部都吃掉。"我自己属于减少吃肉的阵营，但如果真要吃肉，我会花钱去买再生农场的牛排。我知道这是很多人不能享有的奢侈，可现实是致力于制造细胞培养肉的初创公司和其他新型食品制造商，正在进入一条"工业化"的轨道。这对我们人类真的很好吗？

这些年我对新型食品——那些初创公司和他们的创新——的挖掘是一趟启迪人的旅程。本书中所有的食品我几乎都试吃或烹饪过。我对这些新奇的观点和产品抱着完全开放的态度，但它们很多没能成功，或者会转向新的方向。书里提出的问题都很重要，弄清这些问题的轻重缓急对我们的成功极为关键。我们进食是为了拯救这颗行星、动物，还是我们自己？而那些文化中的传统食物又该何去何从？这些文化已经受到一个不能满足其基本需求的食物系统的威胁。新冠疫情带来的挑战正在改变人们的生活——更少的超市购物频次，被抢购一空的物资，更多的居家下厨——或许会指引我们优先考虑停止或减少食用工业化饲养的动物。但这需要我们侵占野生环境来饲养更多的动物供人类消费。这个挑战指向创造一个新世界，它不再把其触角伸向大自然母亲的每个角落和缝隙。当另一场疫情袭来，我们的食物会是什么样，谁又会居于做选择的位置呢？

但工业化农业确实是养活世界的高效方式，这是你知我知的恶魔。我们是让它保持野性不被驯化呢，还是选择一种更好的方式，让广阔的土地重现昔日的荣光？我们能用更少的土地养活更多的人吗？苏族主厨（Sioux Chef）肖恩·舍曼（Sean Sherman）强烈建议，从他的祖先，有着上千年生态学知识的印第安人，那里吸取教训。"如果我们能够像原住民一样与土地互动，那么我们能够生产更多的食物。"

1978 年，科学作家芭芭拉·福特（Barbara Ford）写道，美国人摄入的蛋白质远远超过了他们需要的量——大约是两倍。福特还写道，谷饲牛肉会在 2000 年成为稀有之物，市场上大部分牛将是草饲的。她的愚蠢之处是认为牛肉的价格会上涨。事实并非如此。廉价的玉米和大豆支持了工业化饲养场的建立，进而为每个有需求的人提供廉价肉类。

福特的书里还介绍了她那个时代"热门"的新蛋白质。其中包括四棱豆，一种全身都能食用的独特植物。四棱豆的种子和地下块茎的蛋白质含量达到了 20%，福特称其"优质得令人难以置信"。接着还有臭瓜，一种耐旱的植物，能够在无水状况下生存一年！

跟福特一样，预测未来让我容易犯错。书中提到的一些食品将会成为泡沫，然后破灭。另外一些可能成为主食的食物没有入选，比如昆虫。跟藻类相似，昆虫也不容易大规模生产，不过跟藻类不一样，虽然昆虫已经是一些文化的食物，并将继续下去，但它很难进一步推广。在一次采访中，迈克尔·波伦表示，虫子能够被用作牲畜的饲料。这种事的确存在，或许我真的错了，我认为面包虫太微小，不足以写进书中。Ynsect，一家已经筹集到超过 4 亿美元的法国公司，正在建设一座能够年产 10 万吨面包虫蛋白质的工厂，这些蛋白质将成为鱼饲料和宠物食品。

而面包虫的粪便将会作为肥料。这会让面包虫成为人类的主流食物吗？并不是每样东西都值得成为下一颗大豆。

无论是昆虫、藻类，还是豌豆奶，华尔街不再把新型食品视作一项不确定的投资，技术是其最佳投资点。在1939年的纽约世界博览会上，化学家兼大会的科学总监杰拉尔德·文特（Gerald Wendt）说过，合成食品或许最初会模仿我们吃过的植物和动物。但在两三代人内，合成食品就会放弃所有模仿自然的伪装。我的侄子和侄女都是Z世代，从小就被培养为素食者，或许他们会将我愚蠢的怀疑抛到九霄云外，把晚餐照片发布到社交媒体才是他们的头等大事。如果不是他们，也许会是阿尔法一代。无论如何，我自己会变老。那时，我会少食、茹素、小酌，仍旧为缺乏足够运动而满腹牢骚。

最后，这一章将会转向希望。我试着将不同人的声音聚集到一起，这样就不会过分偏向某一方的观点。我自己的希望是投资者会找到理由，将巨额资金投入改善我们已知的能养活世界的食品中。让我们鼓励农民种植更多种类的有益作物，这些作物有望丰富我们的饮食，而不是剥夺我们的饮食。让我们利用书中强调的那些工艺创新，促进把更多植物转变为兼具可持续性和经济性的作物，并得到全球各地的本地再生农场支持。让我们期待一批创业公司，而不是每10年出现一次的几只独角兽。如果细胞培养肉出现在我们的餐桌上，就让我们将其作为一个混合解决方案——让植物更美味，让少量优质的肉为更多的人所享用。

停止浪费已经生产的食品，用健康的食品去养活更多的人——每个人，这就是我的期望。

丹·巴伯，《第三餐盘》作者，石谷仓蓝山餐厅主厨兼联合所有人，51 岁

20 年后种子会派上用场吗？让我们为未来研发出营养丰富又美味的种子。我们应该挑选非常适应地区环境的种子，并为微型区域培育种子。这是关键。美国广大而复杂。问题并不是我们未来吃什么，而是在哪里吃？这是餐厅的方向。如今定义一家餐厅的东西是它的本地特色和地域性——你必须旅行亲自前往，而在别的地方都消费不到。这其中有趣的地方是你能尝到非常不一样的原料，也能了解支撑这个地区的饮食模式。

随着投资的增加和技术的发展，食品的变化在加速。我不太喜欢那些想要替代畜牧业的技术投资，或者用植物肉简化非常复杂的生态学演算。这种过度简化无助于任何人，除了向投资者阐明他们想要的是什么。通过知识产权，公司牢牢控制着食品。我并不赞成这样。

我期待着更好的生态功能和对生物更好的理解。我们知道了如何制造转基因大豆，并让它们流血。我们从大自然无偿取得了东西，又为其申请专利。拿着数亿美元去拯救地球的想法十分荒谬。

我追求着优质的食物和风味，风味来自不断壮大的生物系统。生物系统越复杂，风味就越丰富，营养密度就越高，地球就会越好，下一种作物也会越优质。这不仅是得到一些美味的食物，而是为了实现这一点，你长期以来会怎么做？你需要更好的生态功能——很难操作，也无法占有和获利。这也是商业为什

么会逃之夭夭。

我们必须投资给能提供足够营养密度的农民和农场，我们的身体迫切需要这样的营养密度以增强免疫力。这些因素紧密相连，所以才会如此复杂，但归根结底都是同一个主题。当你把垂直农场和不可能食品当作养活世界的答案时，恐怕就是南辕北辙了。

金·西弗森（Kim Severson），《纽约时报》食品记者，59 岁

毫无疑问，我们餐盘中的集中饲养肉会越来越少。总体而言，吃肉会减少，但仍然会有大量的肉。我们将继续看到加工食品所含的化学物质越来越少。清洁标签会保留下去。冷冻食品会持续发生转变。我认为人们将能够更便捷地查阅什么食物对身体更好。

我们正培育出一代前所未有的厨师——制作罐头、烘烤面包……因为有了技术，他们会更好地理解烹饪，做出具有文化吸引力的菜品，既能彰显他们的身份，又能满足人们的营养需求。对他们而言，食物就像数据一样流动，他们在现实生活中会像在网络上一样善于表达。他们不会害怕吃下细胞培养的东西。

人们仍然渴望着真正的食物。他们想要接触到更多真正的食物，而不是更少。（细胞培养）技术将用于食品加工和制造，而不是直接摆在货架上。终究，不想吃肉的人就不会吃肉。我越发觉得人们会想要更多真正的食物。

我们会看到饥饿和好食品运动的结合。我认为，好食品运

动使农夫集市提供的补充营养援助计划的（食品）救济翻倍，而良好的营养对健康至关重要。联邦紧急事务管理局正在被世界中央厨房取代。在食品工业界，"一卡路里就是一卡路里"，但饥饿的人们将会得到更新鲜和健康的食品。

麦当劳等大型快餐连锁店对我们饮食的束缚将会解除。这已经是一种分化。年轻一代知道那些食品不好。为特殊饮食法制造的食品会退出舞台。这些产品来也匆匆，去也匆匆，速度让人惊讶。我想人们会通过真正的食物更好地控制自己的饮食。

我希望看到人们想吃的食物被延续——美食车心态——但要超越那些连锁餐厅。我想要看到更多本地的连锁餐厅。我们都需要方便食品，需要在工作时也能吃饭。而真正优质的小型连锁店——是对食物地域性的持续颂扬——会让我非常高兴。

J. 健治·洛佩斯-阿尔特（J. Kenji López-Alt），《料理实验室：科学创造美味》（*The Food Lab: Better Home Cooking Through Science*）的作者，40 岁

以目前的趋势来看，人们平均消费的肉类将会更多。肉类消费，特别是在发展中国家，仍然在持续增长。

我认为细胞培养肉将会成为主流。当然这还需要些时间。即便是植物肉，现在仍然属于高端产品——在快餐店它的价格比同等肉类的更高——而一旦体外培养肉进入市场，成本下降，产品销量就会上升。这需要用一代人的时间来实现。上点儿年纪的人或许永远不会碰这些食品，但我的女儿就知道不可能汉堡和

其他植物肉是能买到的，而且她不认为这些产品很怪异。我肯定，当体外培养肉进入大众市场时她也会这么认为。

在更远的未来，我希望人类不要吃太多的肉。地球已经无法承受。很有可能在几百年后，当人类回顾过往，会不敢相信我们曾经吃肉，就像我们回过头看室内吸烟一样，无法想象我们还曾容忍过它的存在。

我对未来食品的期待更多是政治性的，而非技术性的。因为资本主义的性质，利益被置于人的价值之上，以及"富人"和"穷人"的分化，不平等的结构会持续存在。我们如今所处的世界，生产的食物远远超过了养活每个人所需要的量，但仍然有很多人生活在饥馑之中。我希望食物分配能够更加公平，政府的激励政策能强调更多的植物、更少的肉，以及种类更丰富的作物。

艾力·保扎瑞（Ali Bouzari），作家，Render 公司联合创始人，33 岁

任何人，如果过度迷恋激进的范式转变，那么一定是在洛杉矶、旧金山或纽约待太久了。肉类是一个重大问题，动物制品将会在其中发挥什么作用。如果物价进一步上涨，动物制品会因为经济因素而减少。如果出现了反蛋白质的运动，我不会惊讶。我也不会对低脂潮流的回归感到惊奇。我们仍然会谈论一顿感恩节大餐的最佳菜单，或是一种热门的调味品，它对于我们是新鲜的，但美国之外的地区早已习以为常。我们仍然会讨论让人"长

生不老"的宏量营养素的最佳组合。我认为清洁标签和洁净饮食会继续发展。人们还是会吃土豆，独立而完整的食材不会在我们的生活中消失。这些都会延续下去。

我认为细胞培养肉在某些方面已经成为主流。不可能食品和别样肉客的跨越已经让人们能很容易吃到植物鸡块和汉堡。细胞培养肉对消费者教育而言，更像是一次跳跃。我不认为人们会对细胞培养鸡肉与植物鸡肉寻根问底。他们喜欢的是品牌。细胞培养肉落后植物肉一代人的时间，后者在配方和原料上都有创新，而细胞培养肉仍然在形成中，这是我们很早之前就明白的事情。初创公司必须弄清如何培养生命，但是我不认为在未来 10～20 年的时间内，人们能在快餐连锁店里吃到它们的产品。

我们将会经历更多批判性的评价。任何制造好到难以置信的东西的捷径，都应该被重新审视。就像一个无糖的纸杯蛋糕，如淘金热一般将糖从配方中踢出，似乎让我们遗失了过去传统的一些东西。现在已经有很多东西能够以糖的方式发挥糖的作用，我们的身体处理这些物质的方式也跟处理糖一样。从任何层面看这都是现代炼金术。我们会逐渐取得更多启发性的成果，但是把非糖变为糖就好比化石成金。糖是不可替代的。

我希望在未来，不是根除所有的畜牧业，在实验室中培养汉堡肉饼，而是有时吃吃真牛肉。我希望有人能够创造一种非动物性的、对气候友好的汉堡，以及鸡蛋和鸡肉，我们能将其融入日常生活中，这样市场力量就能够集中到下一个目标——生产出品质最佳的蔬菜和水果。我梦想的食品的未来，是硅谷的数亿美元被用于一个合情合理的目标：生产一种真正了不起的红薯。

目前的方法是培养动物肌肉，这在生物化学上再简单不过。它就像是一台除草机。而一根胡萝卜含有的酶和色素，复杂得就像一辆法拉利。现在我们的兴趣，是如何拆掉这辆法拉利的零部件去创造出一台令人信服的除草机。一个甜瓜利用得当的话，能比一块牛排发挥更大的作用。

玛丽昂·内斯特莱，《问问玛丽昂：你应该知道的关于食物、营养和健康的事》(*Let's Ask Marion: What You Need to Know About Food, Nutrition, and Health*) 的作者，84 岁

20 年后，我希望我们的餐盘里有某某食物某某食物。我指的是在能够促进农业工人和食用者健康、善待动物、减少环境破坏和温室气体排放的条件下，可持续种植与养殖的食用植物和动物。未来的食品挑战，是如何以能促进健康、保护环境的可持续方式养活世界。能够实现这个目标的饮食大部分（但不是必然）是植物性的，对于工业化国家的人而言这意味着增加植物性食品的比例，减少肉类的摄入。

倘若我能挥动一根魔杖，我会创造一个食物系统，为地球上每个人提供健康可持续的饮食，无论贫富，为参与到生产、包装、烹饪和服务环节的每个人支付体面的薪水，还会保障食品安全，保护环境。这是一个乌托邦式的愿景，但这是我们需要为之奋斗的方向。

蔡明昊，Hodo 公司老板，50 岁

网络和旅行让我们如此紧密相连，因此，未来我们餐盘里的风味会更加全球化，菜肴中会用到非洲香料，以及黎凡特混合香料（za'atar）和摩洛哥混合香料（ras el hanout）等地中海调料。类似地，亚洲调料如韩式辣酱和鱼露会被更多地使用。味道会成为消费者接受的关键，营养和健康仍然是我们选择食物的第二大决定因素。味道妙不可言吗？对我们的健康有益吗？对地球友好吗？这些都是消费者会问的问题。

技术食品的存在和被接受需要服务于某些目标。在可以预见的未来，技术食品的主要诉求是拯救我们的环境。新的公司正在试探消费者。如果一些技术食品在营养、口味、经济价值上等同于原始食物，又对环境更好，为什么不吃呢？假若技术食品确实对环境有积极的影响，那么实现营养和经济效应或许不会太困难。当然，从过去的经验来看，这还需要时间，就像当戴亚（Daiya）推出它的可融化奶酪时，消费者反响平淡，直到美代子推出在质地上更接近于传统奶酪的产品。别样肉客最初的产品并不可口，消费者接受得很缓慢，直到公司调整了配方，接着不可能食品迎头赶上。

我不认为（细胞培养肉）会成为主流，即便它们在烹饪、营养和价格上等同或优于动物肉。我认为人们还没有做好心理准备，让其成为主流。

我相信并希望人们将更少吃对环境和健康不利的食品，无论是肉类还是植物。我对减少单一耕作和集中型动物饲养充满希

望，因为从长远来看，它们是不可持续的。我相信，提供更透明、加工程度更低的食品的连锁餐厅，会比麦当劳和塔可贝尔（Taco Bells）成长得更快。年轻一代将会比我这代人食用更多的植物性食品。我们会继续减少吃肉，但肉类仍会是我们饮食中最主要的蛋白质来源。经济条件决定选择。在美国和全球范围内，负担不起更健康食品的人最后还是会消费廉价的加工食品。这不会改变。

我一直希望能建立起一种本地食物模式，在这种模式中，你可以吃到当地生产的农作物、水果和肉类，这种模式也会支持在当地采购食材的餐厅。我还希望消费者会关心他们消费的食品的透明度。如果能有一个可持续的生产者去服务一个独立的社区，那将会是很美妙的一件事。那是一个双赢的局面。

萨拉·马索尼，俄勒冈州立大学食品创新专家，56 岁

我们的餐盘将只保留在正式场合。我们中的大多数会吃可食用薄膜包裹着的食品，不需要像今天这样准备和上菜。食品将成为大多数人的燃料，而与传统餐食相关的时间和仪式将会成为一种特别纪念活动，而不是日常惯例。食品作为燃料，意味着人们进食是为了生存，放纵享乐已经成了过去。

由于人口众多而生产有限，大多数人会发现他们处于一个循环中——梦想着家庭聚餐，渴望像过去的祖先那样静静地享受一场宴席。生存食品将是营养密集型的，会由某些未知的技术保存，由家庭自动售货机提供，就像我们在《杰森一家》（The

Jetsons）里看到的那样。按下按钮，你会听到旋转的声音，接着机器吐出了你的食品。这种系统会被世界上几家大型食品公司控制管理，对于大多数个人而言，很难找到摆脱这一系统的方法。大多数人的用餐不会很频繁，食品会被制作得极具饱腹感，这样人们就能长时间不用进食。我们的身体会适应这种新常态，这种食物系统将完全地融合到我们的日常生活中，而不是像现在这样成为一种喜好或是快乐的中心。小型农场还会存在，那里会有一些反主流文化的生存主义者种植、生产他们自己的食品。人们能够自给自足的"地下堡垒"，现在已经有了。凭借人工照明在地下运作的农业系统会被有钱人追捧。

细胞和实验室培养肉将会成为主流，它们不再被认为奇怪，不会背负污名，而会成为必需品。它们不会被叫作实验室培养肉，而会被直接称为牛排或鸡胸。

我们食物系统中的基本要素还是会维持原样。蛋白质、脂肪和碳水化合物会继续作为热量的主要来源，但或许它们组合的方式会发生改变。我们的身体需要从这三种热量来源那里获得营养，但是它们在食品中结合的方式可能会不同。我们曾经以为对生存至关重要的营养素会走下神坛，而那些原本被认为不太重要的会受到青睐。我们不太可能会种出巨型西葫芦或是超小苹果。出于商业目的，技术会创造出一个完美的生长环境，生产出精准大小的水果和蔬菜。

作为未来食品的另一个平台，海洋食品方兴未艾。这些生物能够迅速生长，有着营养密度的优势，能很容易地被制作成人类的生命燃料。我希望未来的食品能够养活这个世界，因为当人们饥饿难耐时，所有坏事都会发生。吃饭是一个生存命题，饥饿很容易成为我们在这颗星球上最反文明的灾难。

普瑞蒂·米斯特里（Preeti Mistry），主厨、活动家，44 岁

我在想象一个更多元化的食物库。我看到了很多来自非洲的食物和调味料。所有的烹饪都从非洲起源。那是文明的发源地，相当多的香料和原料来自这块大陆。我们的味蕾渴求着新的食物，有色人种主厨和菜式的复兴，给了我们在美食世界大放异彩的机会。我们将打开思路，利用来自（不同）地区的不同种类的蔬菜和谷物。我们会以一种公平的耕作方式实现这一点。

我认为细胞培养肉会成为主流，但并不乐于看到这点。我个人认为它很恶心。还不仅仅是恶心，它在某种意义上就跟植物做的假肉一样。比起让我们的饮食变得更多样，大部分美国人宁愿花钱偷懒——一旦我们的饮食选择变得更丰富，就把所有多样化的工作塞进某样东西。我不敢相信人们在这些产品上投入了数百万美元，而别的地方还有人在挨饿。这就像是在宠溺美国人，因为我们是懒惰的小孩，而不是说："不，你不可以这么做。"你的决定是有后果的。对我而言，这是一种工业化的肉类，昂贵且有害环境。在加州伯克利还有无家可归的人，但我们却要在实验室里制造脂肪。

我宁愿相信我们确实已经做了一些好事，对政治敏感的年轻人将会看到我们可以有所不同，农业巨头和大型组织会更少。"我

从全食超市买了智利产的有机沙拉菜，我感觉不错，因为它是有机的"——这样的做法和想法也会变少。在某些方面，我希望人们少吃快餐和劣质食品，饮食方式变得更本土化和可持续。我已经看到有庭院的年轻人和老年人在种植食材。希望这种现象能持续，它将激励一代又一代的人，让他们知道确实是有另一条路径。如果我们要使用技术，就通过一种更可持续的方式使用它。

在更理论的层面，我希望看到真正的优质食品，经过精心烹制，被赋予跟高端食品一样的价值。越来越多的人正在被灌输主厨崇拜和高级料理，我们忘记了食物的本质。这有点像时尚。我们把高级料理看作是金字塔尖——于是孜孜不倦地追求——但它是这个世界上少部分人才能享受的奢侈。我们把那些为世界1%的人口提供微型蛋糕的人当作创新者和意见领袖。这毫无意义。我乐于看到我们正在按下暂停键，并期待这将如何影响消费者——他们自己烘烤面包，种植大葱。或许他们会重新（跟食物）建立联系，并意识到你不会在需要的时间，按照自己想要的方式得到每一样东西。希望我们能重新搞清楚谁在负责，谁被奉为领袖，以及我们拥护的是什么。

戴维·内菲德，旧金山 Che Fico 餐厅主厨兼老板，37 岁

悲观的我，认为什么都不会改变，一切还是原样。全球变暖将更严重，地球在毁灭，我们将有更多健康问题、更多疾病和肥胖。乐观的我，则希望人们被教育接受这样一个事实：动物蛋白

虽然对一些人而言是必需品，但并不是每天都需要。退一步说，不是一日三餐都需要。未来10～20年，最理想的饮食结构是85%的蔬菜、谷物、豆类以及15%的动物蛋白。我有点担心我们会矫枉过正，直到所有的东西都变成转基因的，被过度工业化，就像过去一样。正确的做法是从历史中吸取教训，种植更丰富的植物和进行更多的轮作，吃土壤里长出来的食物。即便我们位居食物链的顶端，这也不代表我们可以随心所欲地按下按钮。

我担心实验室产品将变成主流，因为我们胡搞的其他事情都已经带来了副作用和无法预知的后果。我坚定地相信，地球已经为我们的生存提供了它所有的资源，而人类过于自负，不认为我们有一个极限，试图生产每一种我们想要的东西。

一些鱼类极有可能会消失——用不了多久你就不会再看到金枪鱼了，除非我们能够控制住全球消费者对它们的食欲。但它们不应该在实验室被制造出来。对这个问题，我的回答永远是不。在一段时间里，我们应该暂停吃金枪鱼，如果想要吃金枪鱼，你知道自己该做什么；面对现实吧。一段时间里没有金枪鱼你也能活下去。我们已经放弃了一些鱼，那么让我们也试试5年不吃金枪鱼。

我希望人们开始吃覆盖作物，比如苜蓿、苋菜和豌豆。这些食物能够在我们的日常饮食中占据更大的比重。作为主厨，我们能够帮助推广新型蔬菜，而这反过来又能够让农民获益。希望看到古老的谷物品种被更多地利用，转基因的小麦种得更少。我打赌，如果我们摆脱过度加工的小麦，你会看到那些麸质不耐受患者的转变，你也会看到小麦实际不是我们的敌人，而是一种非常可持续的食物来源。

纳迪娅·贝伦斯坦，博士，食品技术史学家，41 岁

我认为，20 年后我们吃什么将主要受到气候变化的影响。我的希望是负责任的食品公司能够发生转变，无论是生产食品，还是耕种、养殖和制造的技术，都将减少对环境的负面影响。这样的转变部分是由消费者需求驱动的，部分是迫不得已——但最大的推动力还是来自政府和政策。对我来说，重要问题是食品成本将会如何影响这样的转变。富裕的消费者已经表现出他们愿意为"道德的"和可持续的食品支付额外费用。工薪阶层和吃救济的人却很少能做出这样的选择。那么我们作为一个社会整体，会致力于为所有人提供用可持续方式生产的、富含营养的食品吗？我们是否会听取普通食客、农业工人和食品产业链上下游的工人的意见，认真对待他们的需求和专业知识？

在未来，我们或许会看到再生农业和可持续农业的结合与食品生产中真正的高科技创新一起出现，这些创新包括合成蛋白质和脂肪，调味品和风味改性剂。它们不应该被污名化，而是应该成为维持美味可口的食品供应的关键，食品不仅仅是生存需要，还应该让我们享受到生活的愉悦。

我是一个风味至上主义者。我想要看到更多种类的美味草莓，以及更多"假的"草莓香精——因为好吃的草莓不总是能得到，它们需要巨大的环境和劳动力成本。我也认为食品巨头还有前途。

它们并非必然会与社会福利和环境产生冲突；毕竟，大型公司能够集结技术、创新和规模经济，造福于食客和我们共享的地球。

细胞培养肉会占有一席之地，如果生产商能够解决众多的生产问题，并整合药品及宠物食品。但我们的餐盘里是否会出现实验室培养的 T 骨牛排或菲力牛排，我持怀疑态度。我认为更有可能发生的是实验室培养的动物蛋白被用作其他高蛋白食品的成分——包括那些我们还没有想象过的食品——与其他人工或天然成分结合在一起。如果实验室培养的肉类能够替代麦当劳汉堡中的部分肉，或是炸鸡块中的部分鸡肉，那么比起为追求时髦、厌恶残忍的食客制作价格昂贵的无杀戮刺身，这些技术对气候变化产生的影响会更显著。

最让我兴奋的，是未来的普通人能够捣鼓家用生物反应器和其他的 DIY 生物技术，制造出他们自己的合成食品。我不认为这会成为人们进食的主要方式，但如果生物技术和细胞培养成为厨房里的一种玩乐方式——为烹饪社交、社区建设和娱乐做出贡献——我会非常开心。人们需要对食物系统和政府产生信任，这些实体最终保证了我们的食品安全。而食品安全是我们发展中仍然要面对的重大问题之一。我们该如何相信那些承诺带给我们美味的食品——鉴于我们此前已经被坑过无数次了？没有了信任，就不会有冒险和探索，也不会有共同的未来。

本·乌尔加夫特，历史学家，《肉食星球》作者，42 岁

我从事民族志研究多年，对象是一些愿意随便猜测一下未来食品的人。我自己也会做出个人的推测。事实上，我意识到，人们的猜测，甚至正式的预测或预言，更多是反映了他们自己的欲望和期待，而不是对于未来的准确感觉。因此，要回答你的问题，唯一理智而诚实的方式就是公开自己的欲望。我们可以确定，气候变化会减少世界上可用于耕作的土地和水资源。这对世界的影响并不平均，不同的国家和公司会利用他们的权力和影响力，以养活自己或维持利润。更好的处理方式是转向不那么密集的农业战略，减少对我们现有自然资源的压力，与此同时——这是最难的——我们可能需要一个更小的世界。我赞成低速增长，尤其是低人口增长，或者说去增长。我认为，支持市场或人口的继续增长，是在愚蠢地押注农业产量将持续提高或者新的底层技术会出现。疫情改变了我对食物系统的认识，让我比任何时候都相信我们需要减少生产上的瓶颈，而这是我们在美国的肉类加工厂里看到的情况。

塔马·哈斯佩尔，《华盛顿邮报》专栏作家，57 岁

20 年后，我们的餐食会跟现在的很相似。我认为最应该被替代或最值得反思的是动物制品。我猜测，无蛋的蛋黄酱和非乳制品奶或许不久之后就能发展壮大，我们会有更好的植物肉去替代绞肉，但不会替代原切肉。除此之外，我不认为会有翻天覆地的改变。我认为植物肉极有可能对公共健康造成负面影响。事实上，它们跟动物肉的营养成分非常相似，人们吃植物肉时带着道德优越感，一旦它们被罩上了健康的光环，公众很容易过度食

用。这类情况已经屡见不鲜了。

细胞培养肉能否走向主流，将取决于成本。你会看到绞肉但不是原切肉的替代品。我认为细胞培养肉和植物绞肉竞争，还为时过早。细胞培养的牛排只是白日梦。除非对原切肉的需求有急剧的转变，否则我们不会看到养殖肉牛的减少。对原切肉的需求是目前养殖肉牛的驱动力。我们要真正对动物养殖产生影响，还有相当长的路要走。人们在意的是味道、价格、便利性和健康；其他都是次要的。举个例子，人们购买有机产品是因为他们认为这对他们有好处，尽管有机产品的主要受益者是环境。人们会因为植物性产品对个人的益处而购买它们，但实际上植物性产品对农业影响更重大。

我认为，有益于人类和地球的饮食将是以主食作物为基础的。我们餐盘的核心应该是全谷物和豆类。它们能高效地种植，耐储存，由机器采收，含有我们所需的几乎全部营养成分。如果你以谷物和豆类作为饮食的主体，蔬菜和动物肉作为搭配，那么你真的很棒。

索莱伊·胡（Soleil Ho），《旧金山纪事报》餐厅评论家，33岁

我们并没有解决气候变化、财富不平等和整体的公平等难题。20年后，我预计还会有另一场疫情，世界也会有更多的动荡。但也有一线曙光，那就是这会动摇我们认为可以继续把问题拖延下去的想法。很难预测我们是否到了转折点——退休金、

健康保险，还有无所不在的种族主义。作为社会生活的一个方面，吃饭看上去将会不同，吃饭的原因将改变，吃饭的花费也将很不一样。

我认为（大型）连锁餐厅将会继续占据有利位置。当然，还会有更多的外卖店出现。我认为它们会从外卖应用程序以及支付给 DoorDash 的费用中夺取控制权。或许我们会看到更多门店配送服务。疫情暴发以来，我们还看到了很多家庭手工作坊，它们加入了蓬勃发展的食品社区，半失业或被解雇的人制作玉米饼、馅饼、烤鸡套餐和点心盒，并在家中出售。倘若它们能走上正轨就好了，但目前大多数还没有合法化的途径。在加州，出售家庭自制食品在理论上是合法的，但各县必须参与为其建立相关的许可程序。

我没有看到细胞培养肉在扩大生产规模。它也是骇人听闻的。我认为吃肉——吃用牛肉做的汉堡，仍然与人的身份紧密相关。我不知道细胞培养肉的产量是否会增加，是否会发生文化战争，以及肉类（是否）已经沾染上了一种"右翼"的意味。我想要知道，如果细胞培养肉成真，它是否做好了迎接冲突与争斗的准备。我认为这将会成为另一种文化战争。

我纠结的另一个问题是：这场有关食物的辩论中，我们谈论的对象是谁？全食超市中已经没有人造黄油了，但是人们可能仍然会去一元店里买。这就有些匪夷所思。一些东西濒临灭绝，但仍然有人在购买；一些东西变得不健康，但仍然有边缘群体食用它们。我们认为食物会让我们凝聚在一起，但我希望当我们在谈论未来的食品时，会有更多批评的声音，少一些盲目乐观的系统性思考。真正的问题在于食品分配——一些人得到了最糟糕的食品，另外一些人得到了最优质的。食品的未来应该是对现有社会等级和财富分配的清算和重塑。我希望每个人都能得到他们所需之物，以及他们作为人类应得的。我希望的未来能够消除贫富差别，每个人能够吃到优质的、符合自身文化的食品。

对把烹饪的智慧从真实性和传统中解脱出来，我很有兴趣。我很欣喜地看到印度裔、华裔、尼日利亚裔移民的食物不再重复过去的传统。移民群体的创新，创造出超越了同化和族源文化的东西，这为传统匠人、主厨和供应商提供了探索的手段，让其不必墨守成规。

我想知道，如果你能够变出食品，你还会做什么？我们曾在寻找食品上绞尽脑汁，直到最近，才把这件事放在一边，让它成为一项休闲活动。当思考未来时，我试图构建一个理想的世界。什么能够引领我们以一种公平的方式进入后稀缺时代——不仅是对能够进入星际飞船的人或顶层人士，而是对所有人公平？

乔纳森·多伊奇，德雷克塞尔大学烹饪艺术与科学教授，44岁

我们现在看到的是瓦伦·贝拉斯科在《即将到来的餐食》中所写的——双管齐下的解决方案。有技术的方法——像是细胞培养肉、不可能汉堡等；也有人类学的方法——转向植物性饮食，增加全谷物，选择食物链底层的食品。我不认为哪一种方法会最终胜出。我们会继续看到这两种不同的方法。只要有可能，

我们就会试图增加消费和享乐型满足，而这意味着更多的肉、糖、碳水，以及肥胖。放眼世界，我就会情不自禁这么想。所有的指标都会上升——我们会吃更多肉，使用更多土地，变得更胖，死得更早。要改变需要一场革命。即便是在这场疫情中，我们也看到食品销量还在攀升。植物性产品销量大增，但肉类没有减少。我们正处在消费的轨道上。世界上大多数人要么食不果腹，要么不知餍足。

我认为细胞培养肉未来能够上市。我不认为将来你会在超市中犹豫该如何选择传统肉和细胞培养肉，但特定部位的细胞培养肉确实有崭露头角的机会。机会存在于高端市场。动物肉确实令人不悦。那么为什么不花高价购买特定部位的细胞培养肉呢？你可以去一家精品牛排馆，买到一份和牛等级、油花绝佳、80美元的细胞培养牛排，因为那里是有利润的。

我们在缓慢地改变，但饮食习惯是根深蒂固的。我们最可能失去的就是海产品的多样性。我们已经竭泽而渔了。牡蛎（曾经）非常丰富，餐厅甚至都会免费赠送。

我希望食物系统能够更可持续、更健康和更公平，但我怀疑这个想法的可行性。我同样希望在食物系统中消费者会成为优质食品的倡导者。我认为食品的机会是在享乐、责任（可持续性和营养方面）、可负担性或便捷性之间的交叉点上。这是又一次借用贝拉斯科的书，他在书中提出了一个"便利—责任—身份"三角。你能快速得到食品，你能吃到优质食品，或是你的食品对你自身或地球有益。你或许能将其中两种目标结合在一起，但是三者同时实现就很有挑战。

沃恩·陈（Vaughn Tan），《不确定性思维：来自食品前沿的创新洞见》（*The Uncertainty Mindset: Innovation Insights from the Frontiers of Food*）的作者，41 岁

20 年后我们的餐盘里会有什么？我想这取决于是谁的餐盘。你越富有，你的食品选择就会越好。你知道自己想要吃什么，你也拥有更强的购买力。对大多数人而言，餐盘里会出现的是工业化食品：工业化种植的原料经过工业化加工而成。为什么工业化会成为必要，普遍的观点是食品需要更低的价格。论点是显而易见的：公众手头拮据，他们无法接触到优质食品，也不明白为何需要在吃什么上花费更多的金钱和时间。

我认为细胞培养肉是最愚蠢的方式。吃它只有一个好的理由——它不是来自一个具有感情的生物。它似乎不太可能比来自再生牧场的肉更节约能源。如果你能更全面地考虑我们拥有的选择，你就能看到它并没有更具可持续性。工业系统生产了大量的蛋白质，但都乏善可陈。为什么我们不能一年就吃两次肉？当你真的想要吃肉，可以花钱买用恰当的方式饲养的动物肉。

我不认为未来我们会吃到格外便宜的肉。每个人只要想要吃肉就都能吃上，这是一种虚假的奢侈，这些肉充满了抗生素，在饲养场中生长。在未来 5 年间，工业化集中饲养动物所需的基础设施可能会消失，这也是为什么会有如此多的钱投向实验室的细胞培养肉。但我们仍然会吃工业化的肉。我们摆脱不掉工业化农业系统。我们能摆脱的不过是我们吃下去的"东西"。

我希望的食品的未来是人们更多地利用自己了解的食材亲

自下厨房。使用原材料烹饪大部分食物的简单行为，会改变你的消费方式和消费的生态系统。它也会产生理想的连锁效应：对消费者、生产者、社会和地球更加健康的生产和消费系统。

我通常不会预测未来。但我一直在思索的是，一些东西之所以伟大，一个重要原因是它们通常是不可预测的——能够给我们惊喜，愉悦我们身心。天然的伟大食物能带给我们欢乐和惊喜，为了模仿它们，我们需要明白模仿的关键是它们的不可预测性。目前还没人考虑这个问题，但我认为这是我们未来的需要。

索菲娅·伊根，《如何成为有意识的食客》（*How to Be a Conscious Eater*）的作者，34 岁

未来我们的食品会有更多种类的选择。20 年后，最大的改变将会是我们饮食中物种的数量。不是需求的多样化，而是提高农业的生物多样性，以确保食品供应在面对气候变化时有更大的弹性。相较于每年单一耕作的相同作物，在健康的土壤中生长、与其他作物混种的作物，会有明显不同的健康状况，风味和营养价值也不可思议地会得到提升。

细胞培养蛋白质会成为一种选择，但不会是默认选择。我认为，随着细胞培养肉种类的增加，它的生产规模会扩大到人们负担得起和买得到的程度。我认为一些吃肉但对动物福利在意的人会选择它，然而大多数人不会完全转向细胞培养肉。不过它会成为菜单上的另一个选项，可以这么说，就像我们现在能够看到的诸多蛋白质选项：散养的、草饲的，等等。

还有一些食物，地球会将其从我们的餐桌上拿走。例如棕榈油。我不是说我们不会再使用棕榈油，而是说它不会像今天这样无所不在，因为生产它造成的大面积毁林让地球难以承受。我们还看到了鳕鱼的灭绝，因为过度捕捞，我们正在失去更多种类的海产品。悲哀的是，这还会导致更多海洋生物不能利用。地球将为我们做出这些艰难的选择。

我希望未来世界的默认设定是人们能够很容易地做健康、有气候意识的食客，而不是像现在这样，你必须倾尽全力，才能成为有意识的食客。在超市中，你必须像侦探一样去发现符合你所有个人价值观的食品——健康、动物权利、支持本地和地区农场、劳工福利、最小用水量和碳足迹。我希望将来这样的饮食方式变得民主化——那些有益于你我、有益于地球的产品，成为市场中普遍的、可负担得起的选择。这包括什么呢？更广泛的生物多样性，更低的碳排放和用水量，农业系统生产真正滋养人的食品！还有激励农民将土地经营得比其初始状况更好。

我们也应该重新拾起那些已经被数代人证明对身体有益，并被自然证明是可持续的饮食方式。这在很大程度上意味着要学习原住民饮食中的智慧。技术能够发挥作用吗？当然。但实际上，很多新事物不过是被重新发现。

肖恩·舍曼，苏族主厨创始人，45 岁

我们时常谈论自己对原住民的食物全然不知，对这些群体的饮食知识也缺乏认识。他们对于可持续生存有一张清晰的蓝图，知道如何利用不同地区适宜食用的植物和动物，这些知识来自上千年的积累。这就是"传统生态知识"，旨在研究原住民们如何生存，如何通过与周围世界的直接联系来进食和加工食物。20 年后，我希望有社区性的食物系统和社区性的农业，我们对周围的野生食物有更深的了解，生活方式更贴近环境。如果我们像原住民社区一样与环境互动，就能够生产更多的食物。我认为这是一条通往未来的积极道路——它拥抱了多样性，并使我们与环境更紧密。

如果看看如今流行的植物性产品，你会发现它们并不健康——钠的含量非常高。当我们推动未来食品向前发展的时候，我们需要更多地关注健康以及是什么让我们更健康。我们应该远离过分依赖动物蛋白的美式饮食。我认为，如果我们关注人们可以获得的完整食物，那么我们会有更好的机会。很多植物性的产品不能够在家制作。它是一个获取途径的问题；为了实现食品公平，我们需要重视完整食物、社区农业、民族植物学（知识），以及永续农业设计①。

希望我们少吃一些快餐和方便食品。我们必须做出这样的转变，尤其是在美国，美国人的饮食非常糟糕。我们需要关注自身的健康、土地和身体。我觉得答案就在那里，原住民的知识能帮我们找到它。

---

① 是一种土地管理和居住地设计的方法，采用在繁盛的自然生态系统中观察到的结构。——译者

莉萨·费里亚（Lisa Feria），流浪狗资本公司（Stray Dog Capital）首席执行官兼总裁，44 岁

未来将会有更多的植物性产品，传统来源的肉制品会更少。"肉"会用真菌、植物、细胞……制作，我们现在吃的肉会变少。物流和分销来源会不一样。我们获得食品的方式会更加多元化——小规模采购、本地农民、典型系统之外的生产者和更方便的家庭烹饪。因为新冠疫情，食品和物流都会出现民主化的进程。

我绝对相信细胞培养肉会在 20 年后成为主流，从生产 100%细胞培养肉的公司，到其产品含有部分细胞培养肉的公司，它们将在质地、风味和口感上一路模仿植物肉公司。添加足够的细胞培养肉以让产品更可口，或者你需要多一些脂肪，使它更合你的口味。细胞培养肉能够达到这样的目标。我认为会有大批量的产品，也会有定制的产品——或许你可以在家里装一台微波炉，像是按菜单点菜一样吃饭。

传统动物饲养和集中型动物饲养注定会消亡。如今是越不健康的食品价格越低，跟现在相比，未来健康食品的性价比会更高。我看到了一代人的转变。Z 世代和千禧一代——我们后面的这两代人——已经想要不同的饮食了。我们如何才能提供既有文化价值和影响的肉类，又没有损害健康、毁林和污染的外部性[①]？我们能够利用对环境更友好的植物，并找出调整环境要素

[①] 外部性是指个体的行为对社会造成了影响却没有承担相应的义务或获得回报。——译者

进而改良它们的方法。

在未来，你将能够定制你吃的肉的成分，像是 ω-6 脂肪酸。当我们在定制食品的时候，能够增加有益的成分，减少有害的物质，例如胆固醇。如果我们能够拥有一个生产动物部位的细胞培养平台，我们为什么不能培养已经灭绝的动物的细胞？或许我们有一天能吃恐龙呢？从未想过的事情也许会变成可能！我们能够创造出超乎想象的食品。那是我想要的未来。我们不能因为希望每个人都能吃上便宜肉，就交给子孙后代一个危机四伏的世界。

保罗·夏比洛，《洁净肉》(*Clean Meat*) 的作者，更佳肉类公司首席执行官，41 岁

我认为在未来 20 年内，微生物蛋白质会在我们的饮食中占据更大的比例，尤其是在食品配料中。我相信，要生产出更多更廉价的蛋白质，这是最好的方法。20 年后，细胞培养肉会像今天的植物肉一样，这意味着它将出现在超市和快餐店里，但它仍然很小众。大部分主流人群将能够买到细胞培养肉。可是植物肉已经在市场中存在了好几十年，仍然只有 1% 的市场份额。这样的情况发人深省，未来扩大细胞培养肉生产规模时需要引以为鉴。我认为要发展这个市场，能做的还有很多，用植物蛋白混合动物蛋白是实现目标的一种方法，但我们必须认识到这个事实：肉类消费量从未像今天这样高。

我相信很多残忍的动物制品会被禁止。如今，美国很多州已经禁止出售囚禁在笼子中的鸡生的蛋，圈养在板条箱里的小牛

身上的肉，以及关在妊娠栏里的母猪。越来越多的法律禁止极其
残忍和非人道的农业企业的产品。我希望看到一个食物系统，它
使用更少的资源，制造出更多的食物：

1. 减少动物的痛苦。

2. 为野生生物和自然留出更多的土地。我们需要用更少
的土地生产更多的食物。接受21世纪的农业实践，例如微生
物发酵。

3. 防止世界性的饥荒。

4. 减少排放，让更多的土地用于更新造林，以封存更多
的碳。

我希望看到能在厨房台面上操作的肉类制作机，就像你去
朋友家看到面包机或冰激凌机那么平常。你订购装着干细胞的茶
包，把它们扔进机器里，然后就能做出肉。就像人们花上几周的
时间在家酿造啤酒一样。你可以想象，比如一只火鸭鸡①，你拿
到一袋细胞，制作出一只火鸭鸡，这将是人类从未有过的烹饪体
验。那太不可思议了。我的另外一个想法，就跟本地酒吧酿造自
己的 IPA 啤酒一样。人们自己酿造肉，同时猪养在后院里，这
样你就能够一边向猪脱帽致敬，一边吃着手撕猪肉而猪却毫发
无伤。

---

① 将无骨鸡塞进无骨鸭，再塞进火鸡里烹制而成。——译者

JJ·约翰逊，哈勒姆郊游餐厅主厨兼老板，36 岁

我相信 20 年后我们的餐盘里会出现任何东西。过去 10 年，食物作为移民的身份已经结出了硕果，更多的厨师感到他们能够烹饪代表自己移民群体的食物。没有人再只做法餐了。我们有巴斯克菜，以及来自高山地区的克罗地亚菜。20 年后，我们会看到来自世界各地的各类食物，没有人能够将别人的食物绑架。

人们正在投资细胞培养肉，并推动其发展，但对此我并不认同。我认为鸡肉就应该是鸡肉，牛肉就应该是牛肉。植物肉如今在市场上出现了爆炸式的增长。我也烹饪过完全的植物肉，不可能食品的植物肉味道好得让我惊讶。在濒临灭绝的食物名单上，野生鱼类会永远居于首位。没人尊重海洋。20 年后，只有上帝知道海洋会变成什么样。

如今经营食品行业的人缺乏对有色人种和妇女的尊重。在未来，会有有色人种和妇女来管理这一行业，引领潮流，并获得资金。在 20 年后，《纽约时报》将会出现一位黑人美食编辑。这种不平等的状况已经存在很久了——一些人被轻视——而我们将会获得更公平的机会。

我希望能够看到新碾的米。这与"营养强化的白米"不一样，后者仅仅含有一部分原始的营养成分。大部分人煮不好米饭。我们日常消费的盒装方便米饭跟新碾的米不一样。大米背了骂名，而我认为它是没有得到尊重的原料。新碾的米含有维生素、米糠和胚芽。农民能够以正确的方式种植大米。许多稻农都有相当棒的产品，我们购买的每一种米，其背后都有不同的故

事。从农民那里直接购买大米，将有益于农耕文化，也将有益于社区。

马克·库班（Mark Cuban），企业家、《创智赢家》演员、达拉斯小牛队老板，62 岁

未来 20 年，我想我们会看到合成食品的早期应用 —— 复制有机种植的食品，但源自实验室。不过，如果气候变化不加速，我们不会在未来 10～20 年看到细胞培养肉。如果未来气候变化进一步加快，对整个国家的天气产生了显著影响，那么细胞培养肉的进程或许会加快。因为人们意识到，如果不改变生产和消费食品的方式，我们就会陷入严重危机。20 年后，我认为就像我们有碳水化合物和其他营养素的指数，也会有食品的环境影响指数。驱动因素将是气候变化。如果气候变化到了非常严重的程度，让否认它的人都无法辩驳，那么这个指数将与对负面影响气候的食品征税结合起来。这会导致某些食品变得非常昂贵，以至于很难买到。我希望未来食品中能有一种低成本的方块，它有饱腹感、美味可口，具备推荐每日膳食供给量（RDA）的营养素，花费不到 1 美元。这将结束我们的粮食不安全状况。

倘若没有深入接触食品技术界的内部工作，没有与我反复交谈的消息来源——其中一些人与我联系了5年以上，本书就不可能写成。感谢你们的耐心和愿意加入图书出版漫长而艰巨的工作。

多年来，我一直亲身参加会议。在这些会议中，我建立人脉，了解新的公司，与创始人碰面。当新冠疫情袭来，我结束了飞来飞去的生活，会议活动转移到了网上。虚拟会议意味着更多的人能够参加，但它们不能代替现实中的交流。当我还住在纽约的时候，我开始参加未来食品技术大会，没有落下一场。2018年，我参加了新收获在波士顿举办的年会。2018年和2019年，我参加了好食品研究所在旧金山湾区举办的第一届和第二届年会。在就地庇护令让我不得不居家之前，我完成了最后几趟调查旅行，其中包括采访在丹佛的真菌科技，参加食品智库（Food Tank）在曼哈顿举办的年会，以及参观新泽西州纽瓦克的空气农场。2019年11月，我在旧金山的一个细胞培养肉研讨会上主持了一场关于细胞培养鱼肉的小组讨论。同月，我采访了普伦蒂的团队。2019年12月，我飞到圣迭戈与蒲兰波和蓝色纳鲁的创始人见面。我最后一次不戴口罩的外出，是2020年1月对孟菲斯肉类的采访。我在2月底交出了书稿，接下来两周的时间我开心地会见朋友，出门闲逛。两周后，新冠疫情全面暴发，一夜之间，风云突变。我理解这样的讽刺。

有很多人帮助我了解新型食品。我跟新型食品运动的专家和倡导者交谈，包括批评者、投资者、学者和创始人。书中没有包括他们所有人的名字，但感谢他们付出了宝贵的时间。这些人是（排名不分先后）：好食品研究所的布鲁斯·费里德里克；更佳肉类公司的保罗·夏比洛；美国农业部的塔拉·麦克休和丽贝卡·麦吉；WWF的布伦特·洛肯；饮食ID公司的蕾切尔·切瑟姆（Rachel Cheathem）、大卫·卡茨和拉赫娜·德塞（Rachna Desai）；空气蛋白公司（Air Protein）的莉萨·戴森（Lisa Dyson）；牛津大学的亚历山德拉·塞克斯顿；凯拓律师事务所（Kilpatrick Townsend & Stockton LLP）的巴巴克·库沙（Babak Kusha）；兰德公司的德博拉·科恩；新收获的伊莎·达塔尔；独立生物的阿尔温德·古普塔（Arvind Gupta）和瑞安·贝当古（Ryan Bethencourt）；美国公共利益科学中心的莉萨·莱菲茨（Lisa Lefferts）；加州大学洛杉矶分校的埃米·洛瓦特；德雷克塞尔大学的乔纳森·多伊奇；主厨丹·巴伯；金·西弗森；达娜·考因（Dana Cowin）；凯特·克拉德（Kate Krader）；布鲁克林啤酒厂的加勒特·奥利弗；亚利桑那州立大学的克丽丝蒂·斯帕克曼；塔尔萨大学的埃米莉·孔托伊斯（Emily Contois）；剑桥大学的阿萨夫·扎乔；加州大学圣迭哥分校的史蒂芬·梅菲尔德；艾伦·哈恩；乔希·哈恩；FTW风险投资公司的布赖恩·弗兰克；五十年风险投资公司的塞思·班农；金伯利·黎；谢富弘；伊桑·布朗；帕特·布朗；迈克尔·格雷格；米歇尔·西蒙（Michele Simon）；斯坦福大学的克里斯托夫·加德纳；营养学家金尼·梅西纳，玛丽昂·内斯特莱；完美日公司的蒂姆·盖茨林格（Tim Geitslinger），瑞安·潘迪亚和佩鲁马尔·甘地；克拉拉食品的阿图罗·埃利桑多和兰詹·帕特奈克；孟菲斯肉类的乌玛·瓦莱蒂，大卫·凯和埃里克·舒尔策；复兴磨坊的丹·库尔兹罗克，克莱尔·施莱姆和卡罗琳·科托；Hodo的蔡明昊；营养公司的贝丝·措特；斯派拉的埃利奥特·罗斯；皆食得的乔希·蒂特里克和安德鲁·诺伊斯（Andrew Noyes）；蒲兰波的托尼·马滕斯和毛里茨·范德文。

写作本书时，我查阅了浩如烟海的著作，包括本·乌尔加夫特的《肉食星球》，丹·巴伯的《第三餐盘》，瓦伦·贝拉斯科的《即将到来的餐食》，戴维·朱利安·麦克莱门茨（David Julian McClements）的《未来食品》（*Future Foods*），阿曼达·利特尔的《食物的命运》，丽兹·卡莱尔的《地下的扁豆》，保罗·夏比洛的《洁净肉》，弗朗西斯·摩尔·拉佩的《一座小行星的饮食》，约翰·M. 瓦伦（John M. Warren）的《农作物的本质》（*The Nature of Crops*），梅·伍兹（May Woods）和阿雷特·斯沃茨·瓦伦（Arete Swartz Warren）的《玻璃房：温室的历史》（*Glass Houses: A History of Greenhouses*），韦弗利·鲁特（Waverley Root）的《食物》（*Food*），保罗·斯塔梅斯的《菌丝体快跑》，迈克尔·波伦的《杂食者的两难》，蔡斯·珀迪的《十亿美元汉堡》，露丝·卡斯辛格的《黏液》，马克·莱纳斯（Mark

Lynas）的《科学的种子：为何我们在转基因上犯了如此大错》
（*Seeds of Science: Why We Got It So Wrong On GMOs*），迈克尔·格雷格的《如何不死》。还有更多我已经遗忘的书，包括我在互联网档案馆（Internet Archive）找到的一些旧的参考书。

我翻阅了数不清的研究，目的是将我的任何发现建立在最新的研究基础上。我逐页阅读了大豆信息中心（SoyInfo Center）的网页，这是无与伦比的大豆历史资源。我还阅读了大量的专利申请书、食品营养成分表以及成分说明书。

我尽全力从各个角度去观察新型食品，用其他专家的观点平衡我的报道。任何缺陷都应由我本人负责。

致　谢

这本书开始时只是一颗想法的种子，自由撰稿的工作让我忙得没时间浇灌它。我的工作日总是很忙乱：应付各种采访，飞去参加各种活动和会议，发送和编辑报道，还要回复堆积如山的邮件。有时我会幻想，要是仅仅只做一项单独的工作，会是多么美好的事。

一项

单独的

工作

写作一本书的念头诱惑着我，因为朋友和同事似乎总对他们吃的食品有很多疑问。写一本关于未来食品的书，让我能够深入探究我一直迷恋的那些角落。最终，我下定决心，并写出了这本书的计划书。我给出版经纪人发送了邮件，但他们大都拒绝了我。2019年2月，我去圣保罗参加亚历克斯·阿塔拉（Alex Atala）组织的食品会议 Fruto（意为水果）。途中，朋友南希·松本（Nancy Matsumoto），一位我非常欣赏的记者，让我跟她的经纪人马克斯·辛希默（Max Sinsheimer）联系。我在酒店房间里发了一封邮件给马克斯。他饶有兴趣地给了回复。我很感激他能够看到我的计划的价值，还有第一次写书的我。马克斯把我当作客户，接着我们就开始了真正的工作。在他的帮助下，我们不断改进计划书，最后把书卖给了艾布拉姆斯出版社（Abrams Press），加勒特·麦格拉思（Garrett McGrath）只是看到书的潜力，就果断地做出了决定。同时，我也要向那些在本书完成之前，给出建议的业内资深人士致以深深的谢意，包括安妮·麦克布赖德（Anne McBride），帕姆·克劳斯（Pam Krauss），加里·陶布斯（Gary Taubes），达娜·考因和劳丽·格温·夏比洛（Laurie Gwen Shapiro）。

我原本认为，这本书的计划书是最难的部分，但实际更难的是初稿。感谢马林的图书馆，容纳我每天工作，感谢那些能让我一坐就是好几个小时的咖啡店，包括圣安塞尔莫的海洋咖啡烤肉店。感谢肯特·基尔申鲍姆（Kent Kirshenbaum）教授，回答了我的那些尖锐的科学问题，并与我争论了细胞培养肉的问题。我的早期读者阅读了本书还很粗糙的初始章节，特别感谢你们，这其中包括了我的旧金山作家小组：扎拉·斯通（Zara Stone）、丹妮拉·布莱（Daniela Blei）和埃伦·艾尔哈尔（Ellen Airhart）。我最终完成的初稿有幸得到了劳伦·布尔克（Lauren Bourque）的审校。她给了我严格的完稿期限，逐页阅读，在回复给我如同论文一般长的邮件中，用项目符号列举了文字的不足之处。在我修改后，她又再读了一遍。

我深深地感谢那些在 2020 年通过电话、Zoom、邮件和短信跟我交谈的人。他们包括埃米·汤普森（Amy Thompson），萨拉·马索尼，蕾切尔·沃顿（Rachel Wharton），凯特·林德奎斯特（Kate Lindquist）和塞思·所罗门诺（Seth Solomonow）。我最喜爱的动物权利推广者凯齐亚·焦伦（Kezia Jauron），感谢你成为我的一切素食问题的首选顾问。感谢艾伦·拉特利夫（Alan Ratliff）为我想出了最完美的书名，感谢他在整个成书过程中的无穷建议和支持。感谢布莱斯·斯特拉赫曼（Blyth Strachman）在本书的创作过程中陪伴在我身边。对于那些名字没有在这里列出，但听过我的咆哮和询问过我工作进展的人：谢谢你们！

很多人阅读了这本书的初稿，对此我感到非常幸运。感谢艾伯特·凯莉（Albert Kelly）在许多次的徒步中对我的想法提出意见。感谢黑文·布尔克（Haven Bourque），他在飞往纽约的航班上阅读了本书，指出我在书里哪些地方需要更大的格局，并提醒我忘记了我面对的是一个由不同人群组成的全球食品世界。感谢德雷克·杜克斯（Derek Dukes）告诉我哪里还不够幽默。感谢我的堂兄拉斐尔·津贝罗夫（Rafael Zimberoff），他以第三人称自称，并介绍我使用 Whack，他精心安排的编辑注释提醒我少即是多。

感谢每一家让我试吃样品的初创公司：空气农场，别样肉客，皆食得，孟菲斯肉类，完美日，原根，欢呼食品，阿特拉斯特，斯派拉，不可能食品，Meati 食品，真菌科技，普伦蒂，涟漪，再生谷物，复兴磨坊，果渣贮藏室，克拉拉食品，特里顿藻类，新波食品（New Wave Foods）。也感谢我还没有尝到样品的公司——蓝色纳鲁，阿列夫农场和蒲兰波——但我希望有一天可以。

最后，感谢我的家人，你们忍受了我写书时无休止的噪声。感谢你们不懈的支持、热情和耐心。

图书在版编目（CIP）数据

炫技的食品 /（美）拉丽莎·津贝洛夫著；森宁译
. -- 北京：九州出版社，2023.2
ISBN 978-7-5225-1528-1

Ⅰ . ①炫… Ⅱ . ①拉… ②森… Ⅲ . ①食品工业－高
技术 Ⅳ . ① TS2-39

中国版本图书馆 CIP 数据核字 (2022) 第 227813 号

著作权合同登记号：图字 01-2023-0327

炫技的食品

作　者	［美］拉丽莎·津贝洛夫 著　森宁 译
责任编辑	李　品
出版发行	九州出版社
地　址	北京市西城区阜外大街甲 35 号（100037）
发行电话	（010）68992190/3/5/6
网　址	www.jiuzhoupress.com
印　刷	天津雅图印刷有限公司
开　本	889 毫米 × 1194 毫米　　32 开
印　张	9.625
字　数	203 千字
版　次	2023 年 2 月第 1 版
印　次	2023 年 2 月第 1 次印刷
书　号	ISBN 978-7-5225-1528-1
定　价	58.00 元